科技,写给未来的情诗。

遇见未来

21种正在改变世界的神奇科技

《我是未来》节目组　编

THE FUTURE OF SCI-TECH

江苏凤凰文艺出版社
JIANGSU PHOENIX LITERATURE AND
ART PUBLISHING, LTD

图书在版编目（CIP）数据

遇见未来：21种正在改变世界的神奇科技 /《我是未
来》节目组编. —南京：江苏凤凰文艺出版社, 2018.2
ISBN 978-7-5594-1288-1

Ⅰ.①遇… Ⅱ.①我… Ⅲ.①科学技术 – 创造发明 – 普
及读物 Ⅳ.①N19-49

中国版本图书馆 CIP 数据核字（2017）第 257911 号

书　　　名	遇见未来：21种正在改变世界的神奇科技
编　　　者	《我是未来》节目组
责 任 编 辑	汪　旭
出 版 发 行	江苏凤凰文艺出版社
出版社地址	南京市中央路 165 号，邮编：210009
出版社网址	http://www.jswenyi.com
印　　　刷	浙江全能工艺美术印刷有限公司
开　　　本	710×1000 毫米　1/16
印　　　张	17.5
字　　　数	225 千字
版　　　次	2018 年 2 月第 1 版　2018 年 2 月第 1 次印刷
标 准 书 号	ISBN 978-7-5594-1288-1
定　　　价	58.00 元

（江苏凤凰文艺版图书凡印刷、装订错误可随时向承印厂调换）

序言一

从科技中"遇见"未来

——吴晓波/财经作家

如果我们把互联网对国家的改变程度排个序，排到第一位的很有可能是中国。

在过去的 20 年里，中国以互联网为中心完成"科技改变生活"，是通过一代人在工具上淘汰另一代人完成的。

新的技术工具革命重构了一切生活和价值，而在未来，这种重构将会加速进行。

库兹·威尔在《奇点临近》一书中提出过"加速回报定律"。据他的估算，19 世纪那 100 年所发生的科技变革，比之前 900 年的变化还大；接下来，在 20 世纪的前 20 年，我们目睹的科技进步比整个 19 世纪还多；到了 2000 年，达成整个 20 世纪 100 年的进步只用了 14 年；再往后 2014 年开始只要花 7 年，就能达到又一个 20 世纪 100 年的进步。以此推算，人类在整个 21 世纪的科技进步，将达到 20 世纪的 1000 倍。

　　这 1000 倍的进步速度,是非线性的,其间人类生活改变的关键,必然来自工具的快速迭代。换言之,在 21 世纪,工具衰老的速度很可能会快于人类衰老的速度。而了解、适应和运用新技术的能力,则决定了一个人在社会中的生存方式。

　　比如人工智能,它被很多学者、企业家认为是未来 50 年中最具有变革性的技术。

　　2016 年 3 月,一款围棋的人工智能程序 AlphaGo 在 5 番棋中以 4:1 击败围棋世界冠军李世石九段。一年之后,它再度以 3:0 击败了当今世界最好的职业棋手柯洁。这款程序曾连续与数 10 位人类顶尖棋手通过网络对战,战绩为 AlphaGo 全胜。我们曾经认为,机器在围棋上全面超越人类还需要很久,但在技术加速进步的规律之下,它突然就来临了。

　　这极有可能并非孤例。

　　中国一直以来被认为是全球制造业基地,模仿海外的成熟经验是最大的创新方式。而今天的中国,中产阶级群体快速崛起,其规模已经达到 1.5 亿人,并且逐年快速增长。这部分消费者不再注重价廉物美,他们更看重产品品质,愿意为服务、品质、品牌买单。技术创新,在商业上已经成为一种符合成本效益原则的可行模式。过去全世界大部分的技术创新,发生在美国、日本、欧洲,而现在可能发生在中国的京沪深广，甚至可能在国内二三线城市某个边缘的角落。

　　《我是未来》是唯众传媒和湖南卫视联合打造的一档原创科技秀节目，在每一期节目中都有至少两位全球顶级科学家到场，分享最新的科技成果和主题演讲，共同探讨科技与人类的未来。这本《遇见未来》，就是在节目的基础上，就其中的21项全球最前沿的科技成果，以科学家的第一视角，阐述了这些新兴技术的源起、原理、当下以及未来的社会应用价值。这些技术，既有人工智能、生命科学、智能制造、大数据等广为人知的，也有隐形斗篷这一类令人脑洞大开的冷门的，它们可能成为未来深刻改变我们生活的主要因素。从这一点出发，我们主动去"遇见"未来，变得越来越必要了。

序言二

看得见的未来

——吕焕斌/湖南广播电视台党委书记、台长、湖南广播影视集团
有限公司党委书记、董事长

2017年夏天,湖南卫视的屏幕和往年有些不太一样,一档全新的原创科技秀《我是未来》成为我们暑期重点打造的节目。

在观众的心中,湖南卫视是综艺节目的品牌象征,所以能否把一档科技类节目做出口碑、做出品质,一开始我们也有担心。但是节目从7月30日与观众见面,到10月15日顺利收官,十二期节目的口碑和影响,丝毫不逊于我们此前的任何一档综艺节目。截至2017年10月,节目正片总播放量已经超过3.5亿,短视频播放量达1.3亿,创下同类节目最高点击率,跨媒体辐射人群超过12亿。

《我是未来》普及了科学知识,展示了中国的科技自信,增强了中华民族的自豪感。节目中展示的各种科技创新成果,围绕人民对美好生活的向往,弘扬了科技服务人民的精神。而让科学家成为电视舞台的主角,则在当今社会上树立起了新时代的偶像标准。

《我是未来》的成功,来源于我们做出的两个突破。

一是对科学类节目的精准定位,目标是成为市场内头部力量。《我是未来》聚焦生物工程、量子原理、人工智能等科学课题,将晦涩难懂的科学原理以生动的方式投射在观众最为关注的民生角度,如医疗、基因工程、就业、交通、计算机等,反映出中国科技创新的强国力量和大国风范。节目播出后,《我是未来》迅速成为市场同类型节目中收视率最高的一档节目。

二是集结科技界代表,影响力遍及产学研和社会各界。《我是未来》邀请到国内外 29 位产学研代表坐镇,杨振宁、张首晟、印奇等老中青三代顶级科学家纷纷登台。人工智能小冰作为节目主持,成为国内综艺节目的首次尝试,探索了对接未来科技的无限可能。而这档高大上、强未来、干货足、爆款多的节目,在青少年群体和精英阶层中的反响最为强烈:根据分众数据显示,《我是未来》有 40% 以上为男性观众,33 岁以下的青年观众占比达到 45%,大学以上学历的观众也占到了 25%。

当我们满怀感动,再次回忆起这个夏天的点点滴滴,我们自豪地发现,《我是未来》的成功,归根结底是源于伟大时代的烘托和助力。

这是一个科学塑造未来的时代。

如果说 18 世纪蒸汽时代成就了大不列颠的霸权，19 世纪电气时代见证了德意志的强大，20 世纪信息时代加速了美利坚的崛起。时至今日，已经不会再有人怀疑21 世纪是中华民族伟大复兴的新时代。在习近平主席新时代中国特色社会主义思想的指引下，我们发现创新是引领发展的第一动力。历史的经验告诉我们，一个勤于学习、善于创新、站在科学技术发展前沿、引领人类科技进步的民族，必然会走在世界的前列。

2017 年 8 月的"一带一路"国际合作高峰论坛上，来自 20 个国家的年轻人选出了他们心中的中国"新四大发明"：高铁、网购、支付宝、共享单车。这些可爱的年轻人，最想把中国的这几种"发明"带回自己的国家。但是，真正让世界震惊的还不仅止于此。天宫、天眼、蛟龙、墨子号、悟空、大飞机等一系列闪耀着"中国梦"的重大科技创新成果，也在不断地震撼着世界的目光。《华尔街日报》评论："中国曾经以廉价劳动力闻名于世，现在它有了其他东西来贡献给世界——创新。而中国创新所指引的方向，则是让人民的生活更加美好，这让所有的科技都透着温情、透着暖意。"身处伟大的时代，除了激动、自豪的情绪，我始终有一种冲动，就是要将那些在未来可能让我们生活更加美好的科技创新，通过电视的创作、人文的表达、艺术的呈现，传播给更多的人，让人民感受到科技的温度、创新的力量。杨晖是我们的老同事，极富才情，她创办的唯众传媒专注于知识类、文化类节目创新，《波士堂》《开讲啦》等节目均为"爆款"，领风气之先。我们在科技类节目的合作创新方面一拍即合。随后，我们又得到中国科学院科学传播局的特别支持，经过一年多的反复打磨，终于有了2017年夏天的《我是未来》。

当我再次翻开这本《遇见未来：21种正在改变世界的神奇科技》，电视中一次次精彩的科技秀再次不断在我眼前重新展现，而限于电视节目不能充分表达的创新观点，则在书中有了更加深刻、系统的阐述。

我相信，《我是未来》在湖南卫视还会有第二季、第三季。

我相信，《我是未来》所呈现的神奇科技、创新成果，一定会在不久的将来成为我们生活的一部分。

我相信，未来在科学的照耀下，会更加美好。

序言三

相信未来

——杨晖 / 唯众传媒创始人、CEO

2017 年夏天，我们用湖南卫视《我是未来》这档节目，向科学家们致敬。

节目播出后，接受采访时我说："做一档科技类节目的念头在我的脑海中酝酿了 3 年。"我没有说出来的是，对科技的憧憬与向往，贯穿了我们这一代人打记事起的整个生命。对于很多孩子来说，对科学家的崇拜是童蒙时期的初心。在随后成长的岁月里，这种初心往往会渐渐被淡忘，科学也就变成了与大多数人日常生活无关的东西，科学家们也仿佛高高在上遥不可及。而《我是未来》的可贵之处在于，它就像一把有温度的刷子，拂拭了被岁月蒙尘的初心，它让科学重新回到人们的视野，更让科学成为这个夏天最令人津津乐道的话题。

这是我和唯众小伙伴们的幸运。

对我影响最大的，是和老东家、老领导湖南广播电视台吕焕斌台长之间的多次沟通，吕台给了我许多宝贵的指导意见，他认为科技是一个非常值得尝试和突破的节目领域。与湖南卫视的一拍即合,令我更加坚定了走这条路的信心。之后,我们还得到了中国科学院科学传播局的科学指导和特别支持,张涛副院长说:"这样的节目能让科学知识、科技科普融入现代主流传播中,意义重大,影响深远。"节目也得到了科学顾问团里各位教授专家的保驾护航。

《我是未来》吸引了全球 40 余位顶尖科学家登上舞台,用动人的方式,将上百项神奇的科技成果展现在观众面前。人们发现,科技也可以如花儿一般,在心中温暖地绽放。这些科学家们在舞台上表现出的真实与治愈,令人感动。他们用科技,在人与未来之间搭建起了一座充满人文关怀的桥梁。因此,湖南广播电视台副台长张华立说:"《我是未来》把目光从明星身上移开,请大家多看一看那些闪闪发光的科学家们,让他们成为社会和明天的主角。"

节目中,我看到 95 岁高龄的杨振宁先生首次登上综艺节目,向现场的孩子们分享领取诺贝尔奖时的心情与感受,他鼓励孩子们投身科技、热爱科学;我看到杨振宁先生的弟子、"天使粒子"的发现者张首晟,他带到节目现场的"国际基础物理学前沿奖"奖杯,竟是背着手用塑料袋装着就提来了,这种视名利如浮云的科学家精神,令人深深敬佩;我还看到中国公安部第三研究所高级研究员徐凯,他声情并茂地讲述现代科技进步为中国国家安全和社会稳定带来的保障,他说:"让犯罪分子无所遁形,让好人享受宁静,这个理想,一定能够实现!"我看到哈佛大学脑科学博士韩璧丞,用自主研发的意念手臂,让失去双手 27 年之久的残疾运动员重新找回拥有双手的感觉。那一刻,韩璧丞眼含热泪,荧幕内外的观众也纷纷泪奔。

这样的感人时刻,在《我是未来》的每一期中都出现了。而无论是在录制现场还是在电视机前,这样的画面,都会让我们心潮起伏、热泪盈眶。也正是因为这样充满感情、触手生温的创作,才会让《我是未来》的官方微博、微信收到无数家长的私信,主动要求带着孩子来参与录制节目;才会让我们听到一个 10 岁小男孩的心声:"长大后要完成爱因斯坦的梦想,统一量子物理学和宏观物理学!"才会让众多来到现场的小观众们在数余小时的录像中丝毫不觉枯燥,聚精会神地聆听、积极主动地参与、认认真真地思考。

在节目刚刚开播的时候,我曾许下这样的愿望:"通过节目为观众打造科学偶像,让更多的年轻人爱上科学。"现在,我可以骄傲地说,我们做到了。

今天,我们从《我是未来》节目中采撷精华,编集成册,出版了这本《遇见未来》。我不敢奢求这本书能够像《十万个为什么》那样成为孩子们人手一册的科技读本,只希望这本书能够成为一粒科学的种子,在千千万万年轻人心中成长为一棵浸润着科技与人文的参天大树,枝繁叶茂,生生不息,直指苍穹。我更希望这本书是一封写给未来人类的情书,告诉他们今天人类的努力、坚持与执着。

最后,我想与读者再次分享诗人食指的《相信未来》:"朋友,坚定地相信未来吧,相信不屈不挠的努力,相信战胜死亡的年轻,相信未来,热爱生命。"

再一次诚挚感谢在《我是未来》舞台上撒下科学种子的他们:
首位华人诺贝尔奖得主、世界知名物理学家——杨振宁先生
苏黎世联邦理工学院教授——拉菲罗·安德烈先生
蔚来汽车创始人——李斌先生
科大讯飞首席科学家、执行总裁——胡郁先生
北京旷视科技有限公司创始人——印奇先生
英特尔中国研究院院长——宋继强先生
库卡系统中国区首席执行官——王江兵先生
浙江大学赤兔团队
柔宇科技创始人——刘自鸿先生
智能坐垫 DARMA 公司创始人——胡峻浩先生
脑机接口公司 BrainCo 创始人——韩璧丞先生
中国科学院广州生物医药与健康研究院院长——裴端卿先生
华大基因股份有限公司 CEO——尹烨先生

Festo 大中华区总经理——陶澎先生

三一集团总工程师——易小刚先生

微软全球资深副总裁——王永东先生

阿里巴巴集团技术委员会主席——王坚先生

优必选科技有限公司创始人、CEO——周剑先生

表情机器人公司 Hanson Robotics 创始人——大卫·汉森先生

中国科学院西安光学精密机械研究所研究员——朱锐先生

信达生物制药(苏州)有限公司创始人——俞德超先生

IBM 全球副总裁、IBM 大中华区首席技术官、IBM 中国研究院院长——沈晓卫
先生

著名物理学家、丹华资本创始人——张首晟先生

阿波罗飞行实验室首席执行官与研发主任——特洛伊先生、博伊德先生

珠海云洲智能科技有限公司创始人——张云飞先生

上海奥科赛飞机有限公司创始人——毛一青先生

公安部第三研究所资深专家——徐凯先生

深圳光启高等理工研究院创始人——刘若鹏先生

目 录

遇见未来
THE FUTURE OF SCI-TECH

你们知道吗？人类生活中每时每刻产生的大量数据，其实是一种极具价值的资源哦！

阿里巴巴集团技术委员会主席王坚博士现在正在做的事情，就是将这些数据更好地利用起来，让数据资源帮忙管理城市，也去帮更多普通人解决问题、实现梦想。

这是科技送给人类的惊喜，也是现在人类送给未来的礼物。

云计算之后，我为什么要做城市大脑

——王坚/阿里巴巴集团技术委员会主席

从心理学博士到"阿里云之父"

在加入阿里巴巴之前，王坚的人生顺风顺水。他就读于杭州大学心理系，毕业后留校任教，30岁成为教授，31岁成为博士生导师，32岁成为当时最年轻的系主任。

1999年，他离开待了10年的母校，加入了当时刚刚起步的微软亚洲研究院。有人写信给盖茨，询问数据方面的问题，盖茨回信：你应该去中国找王坚。

2008年，他离开如日中天的微软亚洲研究院，回到故乡杭州，加入了初露锋芒的阿里巴巴，担任首席架构师。在他的设想里，计算的公共服务就是云计算。"中国需要云计算，因为中小企业需要，年轻人需要。"就这样，王坚跟马云一拍即合。2009年2月，在北京一间没有空调的办公室里，他带领的团队写下了阿里云的第一行代码。同年9月，王坚创建阿里云计算公司，并担任总裁。也是这一年，他启动了阿里巴巴集团的"去IOE"战略。

做云计算很难，而他还选了最难的一条路，不用开源技术，从底层开始自主研发大规模分布式计算系统，建立互联网规模的通用计算和数据平台。当时全世界只有两家公司能做到这件事，谷歌和亚马逊。

谁也没想到，等待着他的是长达 5 年的质疑。2012 年王坚被任命为阿里巴巴 CTO 时，内网吐槽铺天盖地，有人说他浪费

王坚，在阿里大家更喜欢叫他"博士"，同事在内网给他打的标签里有一个是"笑容很温暖"。

公司资源，甚至有人怀疑他不会写代码。马云公开回应："博士的不足大家知道，但博士了不起的地方，估计很少有人知道。假如 10 年前我们就有了博士，今天阿里的技术可能很不一样。"王坚的回答是："我会做阿里云最后一个站着的人。"

2013 年 8 月 15 日，阿里云飞天第一个 5 000 台服务器集群投入商业使用，提供超过 10 万核的计算能力、100PB 存储空间，同时处理 15 万并发任务和数亿级别数目的文件。这是中国首次实现如此巨大规模的"云"。阿里云成为中国第一个拥有独立研发大规模通用计算平台的公司，也是世界上第一个对外提供 5 000 台集群云计算服务能力的公司。2014 年，王坚发起创立了阿里巴巴横跨杭州和西雅图两地的 iDST（Institute of Data Science & Technologies），从事智能技术的前瞻性研究。

2016 年 4 月，王坚开始了新的探索，在云栖小镇提出了"城市大脑"的设想和构架，并在杭州开始建设。他坚信，"城市大脑"会像电网和道路一样，成为城市新的基础设施，通过机器智能技术，用数据资源动态优化所有公共资源。2017 年 11 月，科技部公布了首批四个国家人工智能开放创新平台名单，其中之一就是依托阿里云公司建设城市大脑国家人工智能开放创新平台。

什么是云计算（Cloud Computing）？在我看来，最关键是要看它的核心本质——计算是否在线，计算的使用是否通过互联网完成。这也决定了云计算三个最重要的特点：一是计算要成为一种公共服务，就像水和电一样；二是计算规模变得足够大，需要巨大的数据中心来承载；三是计算要通用，就像电网既能支持电冰箱，也能支持洗衣机。

从在阿里巴巴做云计算的第一天开始，我就告诉自己："云计算是一个社会最基础的公共服务，就像国家电网能够满足各行各业的用电需求一样，云计算就是通过互联网满足各行各业的计算需求。"

假如你是 19 世纪末美国的一个纺织厂主人，哪怕资金、工人、机器和原材料都备齐了，还是无法开工，因为当时的美国还没有公共电网，你必须自己建一个发电站。今天，不会有任何一家公司还要买一堆服务器放在公司里才能开张，就像当时在美国开工厂还要自建发电站一样。

阿里云

随着互联网的日益普及，云计算已经无处不在。对于成千上万的普通用户来说，"云"和电一样，早就进入了每个人的生活。你每天做的许多事，包括逛逛淘宝、看看新闻、刷刷微博，都消耗了远超本地设备所能承载的计算量。当你在搜索框键入关键字，敲下回车键的一刹那，大概需要数万台服务器同时为你提供计算支持。

从前，一提到"科学技术"，人们的印象总是"高端""顶尖"……仿佛科技一定是千千万万普通人难以触碰到的。但我认为不论现在的科学研究多么前沿，如果不能造福大家的日常生活，就难以实现其现实意义。

阿里的云计算除了帮助大大小小的企业，还让偏远地区的人们也早早享受到了互联网、计算和数据带来的便利。做云计算这么多年，安康铁路工人吴磊用阿里云做到的事情，让我印象尤其深刻。

吴磊所在的铁路机务段，位于秦岭大巴山深处，负责 2 000 多千米的铁道养护工作，养路工人一年到头都在铁道沿线作业，以保证铁路安全。如何把重要的信息第一时间通知到每个工人成了一个大问题。崇山峻岭中，要么是传送信息的人太辛苦，要么是信息传到一线铁路工人手里为

吴 磊

巴山铁路旁的"为安全生产立功"标语下，吴磊的同事们正在铁路沿途巡检铁道和山体的安全情况。

时已晚。

2012 年，吴磊在阿里云上做了一个文件签报系统，能把车次更改、安全通知等紧急文件通过这个系统及时送达到工作在一线的铁路工人们手中，并且可以确认接收。一旦某个地段出现塌方等险情，铁路工人们能够通过手机拍照快速将信息回传至阿里云服务器，实现了信息即时共享。

我特别好奇，一个名不见经传的铁路工人怎么会想到用云计算，为此我专程去了安康。吴磊在秦岭大山下 30 多千米长的隧道里展示他工作的那一刻，我真正感受到了什么是云计算。

吴磊高中没有毕业，全靠自学开发，这也正是云计算的好处之一，能够降低技术的门槛。就像几十年前，汽车驾驶很复杂，司机是一个很有技术含量的职业。而今天轿车的设计，大大简化了操作难度，相当于降低了驾驶的门槛。云计算把技术门槛降低了以后，带来的好处远远超出了我

杭州云栖小镇的"科技·博悟馆"内收藏的这幅油画，栩栩如生地复现了巴山铁路工人在云栖小镇安装巴山鼎的情景。画面背景中不起眼的灰色建筑，正是阿里云飞天5 000台集群第一次上线的数据中心。

们的想象。

2015年10月云栖大会前夕，吴磊和工友们从千里之外开着大卡车为云计算送来一座巴山鼎，鼎下的铁轨、砂石，甚至安装用的发电机都是工人们都从安康带来的。因为他们相信巴山和云计算有着共同的精神：坚持就是伟大。这座鼎也让阿里人记住：世界上还有很多像巴山铁路这样的地方，还有许多像吴磊这样的人。

有了云计算这个先例，我们会放手去做更多事情，填补更多人类生活的空白，希望让科技温暖到世界上每一个角落。

云计算，为智能技术注入新的生命力

近几年，由于人工智能的火爆，有媒体甚至写出了"互联网终结"这样的标题。事实上，正是由于互联网的发展沉淀了海量数据，云计算提供了强大的计算能力，才让人工智能这个并不年轻的学科再次遇到了历史性的发展机遇。媒体的这种说法也反映了人工智能的喧嚣背后，是大家的另一种迷茫。没有了互联网的人工智能，很难说清它的路在何方。

20世纪50年代刚提出"人工智能"这个概念时，由于机器的计算能力等各方面的极大限制，大家一直努力的方向就是让机器模仿人的智能，著名的图灵测试本质也是在讲机器如何模拟人的智能。但互联网和计算技术发展到今天，除了模拟人的智能以外，我们迎来了一次巨大的发展机会，有了万物的互联和海量的数据，能够利用机器的计算能力解决仅靠人的智能解决不了的问题。就像人类有了钢铁和电动机，利用机械装置解决了自身的体力不足一样。在这个意义

城市大脑

上,今天许多人讲的人工智能问题,用机器智能这个词来定义更加准确。

　　今天,世界各国城市的可持续发展面临很多困难,没有进一步突破性的技术创新,我们将面临更大的挑战。这些挑战也带来了一个难得的机遇,就是利用基于互联网、数据和计算的机器智能解决城市发展过程中出现的许多重要的问题,比如各国都没能解决好的交通治理。在解决这些重要问题的同时,也证明机器智能这样的新一代技术已渐渐发展成熟,并且是智能产业崛起的机遇。这正是我全身心推动城市大脑的初衷。

从摄像头到红绿灯,曾经是世界上最远的距离

　　过去 20 年,中国持续投入城市信息化建设,特别是公安交警部门,始终走在前列,为城市积累了丰富的数据资源。但是没有机器智能的帮助,

2016年10月13日,王坚博士在云栖大会上第一次对外介绍杭州城市大脑。在试点路段中,城市大脑用摄像头数据即时调节红绿灯,车辆通行速度平均提高了5%,最高达到11%。

一个城市一天产生的交通摄像头视频，靠人力可能 100 年都看不完，这些宝贵的数据，绝大多数还没有发挥过作用，就已经被默默删除了。在 2016 年 10 月召开的云栖大会上，杭州市发布了全球第一个城市大脑计划。会上我曾感慨，世界上最遥远的距离不是从南极到北极，而是从红绿灯到交通摄像头，它们在同一根杆上，但从来没有通过数据被连接在一起，摄像头看到的东西永远不会变成红绿灯的行动指南。数据不通，则交通不畅，这既浪费了城市的数据资源，也加大了城市运营发展的成本。

城市大脑要做的，就是以互联网为基础设施，利用丰富的城市数据资源，对城市进行全局的即时分析。用城市的数据资源有效调配公共资源，不断完善社会治理，推动城市可持续发展。未来在城市发展中，数据资源将会比土地资源更重要，这是城市大脑的基本思考。

在杭州，城市大脑从城市摄像头的视频得到了即时的交通流量，第一

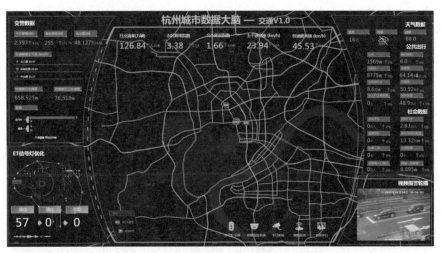

杭州城市大脑指挥中心大屏幕之一，杭州市交警支队的干警们坐在这样的大屏前，根据城市大脑的实时报警从容指挥，杭州市的路况一目了然。

次让城市的交通信号灯能根据即时的流量,优化路口的时间分配,提高交通效率。依靠惊人的计算机视觉分析能力,利用每一个交通摄像头对道路进行即时交通体检,就像一个个交警全年无休地在路上巡逻。

2017 年 10 月的云栖大会上,杭州城市大脑交出了用数据资源治理城市的周年答卷:与交通数据相连的 128 个信号灯路口,试点区域通行时间减少 15.3%。在主城区,城市大脑日均事件报警 500 次以上,准确率达 92%,大大提高执法指向性。目前,杭州市交警支队已经在主城区通过城市大脑进行红绿灯调优,并即时提供出警决策。

此外,杭州市萧山区还创新实现了 120 救护车等特种车辆的优先调度,一旦急救点接到电话,城市大脑就会根据交通流量数据,自动调配沿线信号灯配时,为救护车即时定制一条一路绿灯的生命线,并可减少对其他交通的影响。实际结果表明,救护车到达现场的时间比原来缩短了将近一半。

交通治理只是城市大脑的起点

交通治理只是起点,更重要的是数据开始为社会产生价值,解决今天仅靠人脑无法解决的城市发展问题。就像没有机械设备的发明,很难有20 世纪的城市建设发展一样,城市大脑将为城市发展带来三个重要的突破。

第一,城市治理模式的突破。以社会结构、社会环境和社会活动等各方面的城市数据为资源,向数据要人力,向数据要服务能力,解决城市治理中的突出问题,实现创新的人性化治理模式。第二,城市服务模式的突破。城市大脑是政府服务好民生非常重要的物质基础，依靠城市大脑可以更精准地服务好企业与个人。城市的公共服务，如交通，将进入精准和高效服务时代，杜绝公共资源的浪费。第三，城市产业发展的突破。开放的城市数据资源是推动传统产业升级转型、创新产业发展非常重要的基础资源，就像石油和半导体材料对产业发展的带动。

以苏州为例，最近苏州市政府明确了要在城市大脑的整体框架下，以交通治理为重点，提升城市管理智能化水平。公安部门将联合交通运输、市容市政管理、旅游、轨道交通等部门先行开展试点，把来自各个部门的海量数据汇聚到城市大脑，利用大规模的计算能力和机器智能，帮助城市高效平安运转。随着城市大脑体系扩展到社会治理的各个领域，苏州将有机会成为利用数据资源进行城市治理、社会治理和行业治理的典范。

城市大脑不仅是科技创新，也是机制创新，它加速了从数据封闭到数据开放的观念转变，通过打通城市的神经网络，对整个城市进行即时分析和研判，让数据帮助城市思考、决策和运营。

城市大脑是中国送给世界的礼物

今天，在全世界范围内，还没有一个城市把城市大脑当作"必需品"。城市大脑能够最早出现在中国，得益于我国发达的互联网基础设施。今天，当中国的老百姓已开始用手机付钱买烤红薯的时候，美国大部分老百姓还在用支票付水电费。这种看似很小的差异让中国拥有了独特的竞争力。我们的城市数据资源的积累将比世界任何一个国家都快，这给了我们一个重要的机会——用比发达国家更先进的办法解决城市发展问题。

这是云栖小镇的一家初创公司黑岩科技根据王坚的大胆预言描绘出的2050年的杭州。有了城市大脑，未来城市只需要消耗今天十分之一的能源，路不再越修越宽，楼不再越盖越高，城市渐渐跟自然融为一体，生活更加舒适。

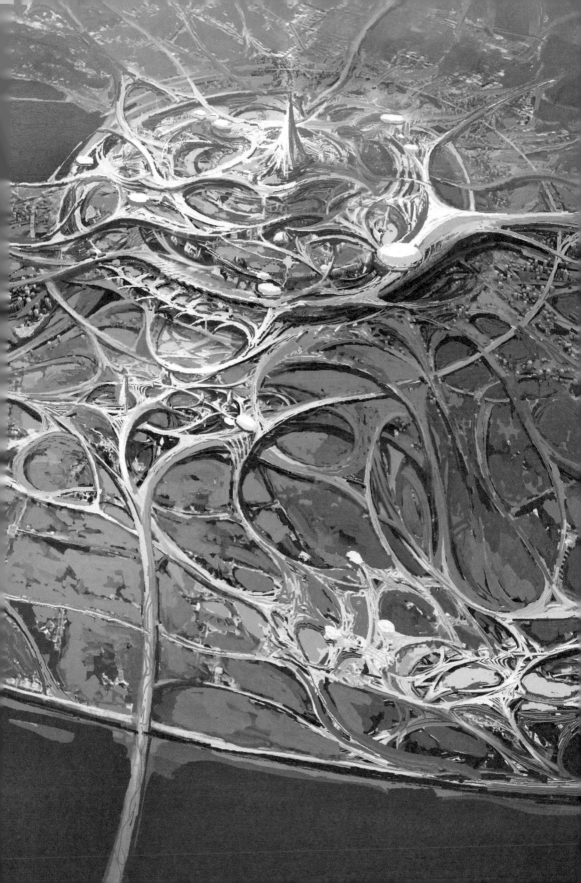

城市大脑不仅对中国城市发展有重要意义，还为中国的科技创新提供了一个规模巨大的探索场景。20 世纪 60 年代的登月计划催生了通信技术、生物工程技术等一系列重要创新。今天，互联网在中国已经成为基础设施，我们拥有了空前的计算能力和数据资源，城市大脑不但能够造福百姓，而且会像登月计划一样，成为机器智能未来 10 年最重要的研究平台。10 年前，阿里巴巴率先投入云计算研发，是想让中国的年轻人在全球竞争中拥有跨国巨头才拥有的计算能力。今天，城市大脑会让中国在即将到来的全球智能时代拥有先发优势。

每一次技术革命，都会推动城市文明前进一步。蒸汽机时代，城市的标志是修公路；电力时代，城市的发展是铺电网。我们身处的互联网时代，数据成为重要的资源，城市需要构建一个数据大脑来进一步提升文明。就像 160 年前伦敦第一次建设地铁，135 年前曼哈顿第一次建设电网，城市大脑将成为一个全新的城市基础设施，是中国应该为世界做出的重要探索和贡献。

遇见未来
THE FUTURE OF SCI-TECH

你能想象未来人类的工作伙伴是一个个形态各异的机器人吗？

在大洋彼岸的亚马逊仓库，拉菲罗·安德烈教授真的让人机协作变成了现实哦！上一秒货物还在由机器人负责呢，下一秒就按计划完美交付于人类手中了！

除此之外，拉菲罗教授更厉害的是发明了各式各样炫酷的无人机，让我们赶快进入拉菲罗教授的科学世界吧！

一支无人机军队的革命

——拉菲罗·安德烈/苏黎世联邦理工学院教授

● 无人机教父 ●

　　如今是互联网时代，网络购物已经占据现代购物模式的半壁江山。但大量的订单，繁多的商品，总会存在一些配货有缺漏或者发货不及时的情况。这让我们在下单后忍不住要提醒卖家"请勿发错/漏发""尽快发货"。你是否希望卖家不仅闪电发货，并且准确派发货物呢？在人工智能高速发展的今天，这已然成为现实。"无人机教父"拉菲罗·安德烈成功开创无人机时代，减少人力的压力，增加智力的动力。

拉菲罗·安德烈

　　拉菲罗·安德烈，1967年出生于意大利，多伦多大学毕业后，他于1997年考取了加州理工大学的电气工程博士学位，毕业后的拉菲罗在康奈尔大学任教，主要从事机器人方面的教学，任职期间 4 次率领自己的机器人足球队获得机器人足球世界杯 RoboCup 冠军。2003 年，拉菲罗·安德烈和几个伙伴成立了 Kiva Systems 公司，研发出了物流机器人——Kiva。2007 年，拉菲罗成为 Kiva Systems 的首席技术顾问。2012 年，亚马逊以 7.78 亿美元收购了 Kiva Systems。后来，拉菲罗在苏黎世联邦理工学院当教授，着手研究无人机。2014 年，他相邀 Markus Waibel 和 Markus Hehn 创立了 Verity Studios，完成了科学家到舞美设计师的华丽变身。2015 年，他获得了 IEEE 机器人和自动化国际会议大奖，被称为"无人机教父"。

全球著名的电子商务公司亚马逊，其口碑是建立在全球 90 多个物流和分拣中心的效率上的。

从前每到圣诞销售旺季，亚马逊就要为物流中心雇佣 8 万多名临时工。很多工作人员每天要工作 12 个小时，走 11～24 千米的路分拣货物。因为亚马逊配货仓库太大，走到商品所在区域取货就很浪费时间。以亚马逊位于美国亚利桑那州凤凰城的配货仓库为例，其占地面积超过 11 万平方米，可容纳 28 个足球场。如果工作人员拿着 10～20 千克的货物走远路，效率之低可想而知。

而我们研发的 Kiva 机器人的出现，着实解决了亚马逊的大麻烦。我们的 Kiva 机器人外观看起来像一个小冰球，但它能够搬起超过 3 000 磅的商品在物流中心自由"行走"。Kiva 机器人每小时可移动距离为 48 千米，作业效率要比传统作业效率提升至少 4 倍，仓库成本减少一半，并且配

亚马逊kiva物流一角

货准确率达到了99.99%。

一直以来,亚马逊的物流运作模式可以简单地用四个字概括:货架到人。其中包括了五个大工作量的环节:(1)拣选;(2)位移(包括拣选期间的位移,和拣选完成后包装台的位移);(3)二次分拣;(4)复核包装;(5)按流向分拣。

过去,因为环节(1)(3)(4)需要人工细致地去识别和拣放货物,所以人工工作量巨大。有了 Kiva 之后,货架到人的核心思路是把拣选人员取消,直接把货架搬到复核包装人员的边上,由复核打包人员完成拣选、二次分拣和打包复核三项工作,把人员数量降到最低,同时也取消了原来利用传输线完成的位移动作。

如今的亚马逊在全美仓储中心共有约 1.5 万个 Kiva 机器人在运作。在仓储机器人背后,是一套智能运营系统。通过数据分析和算法优化去调配机器人有条不紊地"并肩作战",因此机器人在仓库内并不会出现碰撞等状况。同时,还会通过其运动轨迹来反映用户浏览、商品销售的动态变

小冰贴士

机器人作业颠覆传统电商物流中心作业"人找货、人找货位"模式,通过作业计划调动机器人,实现"货找人、货位找人"的模式,整个物流中心库区无人化,各个库位在 Kiva 机器人驱动下自动排序到作业岗位。

化,比如存储热销商品信息的机器人会优先移动到距离拣货更近的地方。Kiva 机器人通过扫描地上的条码前进，根据无线指令的订单将货物所在的货架从仓库搬运至员工处理区，之后分拣人员能够从 Kiva 搬运过来的货架中挑选客户订单要求的货物，进行处理分发。整个物流过程更加流畅,大大提高了效率。

无人机:我也会思考

许多人最早知道我的无人机,应该是在 2013 年的 TED 演讲上。当时我展示的四旋翼机器人飞行器可以像人一样思考,能够协同自动抛球、接球、平衡、空中翻滚旋转;能够像魔术师一样,在空中载着盛水的杯子跑来跑去;能够让魔术手杖在空中四处游荡。

那个 16 分钟的演讲视频,在 TED 官网上点击量已有千万,而当时我的无人机研究其实还只处于一个初步阶段。正是大家对无人机研究的热情让我更加坚定了自己的选择，无人机会是未来世界工业生活领域的主

如何用无人机搭建一座桥?

无人机搬运砖块建造建筑物

题之一。

我们的无人机可以编织出人能行走的吊桥；可以自行搭建高达 6 米的塔，连遥控都不需要；可以盖房子……除了各种各样的功能，我们还赋予了无人机更强的生命力，比如被剪掉两个螺旋桨还能够自如飞行的无人机、怎么扔都能平稳降落的无人机、造型独特的螺旋桨无人机等，可以广泛应用于人类活动的各个领域。

因为我们设计的无人机使用了精巧的数学模型，并与机电、智能感知与反馈控制完美结合（每秒可以达到 50 次），大家都称我"四轴飞行器魔术师"，我对这个称呼感到非常荣幸。过去的无人机主要应用在航拍上，而我们的无人机在送货、无人农场管理、空气环境污染监测、企业内部无人机辅助物流等方面提供了更广阔的发展方向上的探索。

当然并不止以上这些，在更早之前，我们研发出了一种可以让无人机合体飞行的无人机群体。在 2016 年的 TED 舞台上，我展示了进阶版的无人机群组体。30 多个微型无人机组成的一个无人机队伍，它们可以像萤火虫般自由自在地在空中飞行、跳舞、表演。而且就像 Kiva 机器人一样，这一切都无需人工干预控制，更不必担心发生相互碰撞等问题。

无人机的发展成绩是有目共睹的。从过去一次只能操纵一架无人机

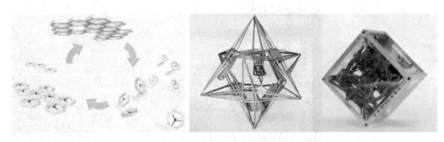

有序重组

完成简单的端茶递水动作，到现在可以同时使用多架无人机来打网球、表演艺术、建造理想中的房屋等。每一项技术的进步，都是基于对人类本身需求的

带着酒杯和木棍飞行

关注。虽然现阶段的无人机还处在弱人工智能阶段，但是随着人工智能的时代的到来，数据算法、软件技术的飞速进步，未来人类同机器人一起工作、一起参与体育竞赛都是完全有可能的，人工智能或许将成为未来的主流劳动力。

多做"傻事"的科学家

我是一个研究运动的人，并且尝试一切控制运动的方法。但我想我并不是什么绝顶聪明的神童，因为在童年时光里，我可没少做让大人们哭笑不得的"傻事"。例如，我小时候有一段时间对空气动力学非常感兴趣，所以我猜想，如果我撑着一把大大的伞从屋顶往下跳，我就可以慢慢地飘到地面上。然而，当我刚跳下去的时候，伞就偏向了一边，于是我从差不多3米高的地方摔了下去，所幸地面是草坪，我没受多大的伤。还有一段时间我对于制造氢气很感兴趣，便决定自己生产氢气。于是我拆开一节干电池，把里面的碳弄出来，放在一些盐里面，通上电，又加上另外一个电机，果然产生了氢气。但因为盐中含有氢也含有氯，所以还"顺便"生产出了氯气，导致我的房子里面充满了氯气，让我的爸爸妈妈非常头疼。

因为我小时候对一切都很好奇，诸如上述的实验我做了不少。但是随着年龄慢慢增长，我发现自己不仅对科学感兴趣，对工程学更感兴趣。虽然这两个词经常会被混用，但其实它们是非常不一样的。科学是探索世界

的方式,工程学是创造世界的方式。工程学家和科学家有一个共同点,就是必须要了解一些基本原理才能够去创造发明。随着科技的进步,我们能够在发明创造上做出突破,我们能够拥有可以感受一切的东西。

假如我们可以乘坐时光机回到250年前,去见证第一次机器革命以及工业革命,你可以看到那时候有蒸汽机、燃煤的发电机,这些机器在当时是非常强大的,但同时它们也非常庞大。而今天一个应用在无人机上的小马达,基本上可以有100瓦的功率,而100瓦的功率是250年前的蒸汽机的5 000倍,也就是说你需要5 000个蒸汽机的功率才能比得上如今用在无人机上的一个小马达,正是因为科技有了如此瞩目的"压缩"发展,我们才能做飞行器。

15年前刚刚开始做无人机的时候,我们计划做的无人机体积是非常庞大的,因为当时的加速器本身就很大,而加速器是使无人机飞起来的必要部件之一。但发展到今天,加速器已经非常微小了,我们的手机里面就有加速器,还可以做重力感应。从过去巨大的加速器到现在可以放到一个手机里去的加速器,这就是科技的进步。

科技不断进步带来的是新事物的不断出现,新事物的不断出现也代表着新能力的不断出现。这也就意味着,现在的小朋友们成长到二三十岁的时候,能够使用的工具比我要多得多,能够拥有的能力也会比我多得多,能够创造的世界也会比我精彩得多。

如今的孩子们可能比我们这一代聪明得多,但或许大家都太急于知道答案或太迫切地想知道最后的结果。其实仔细思考,多做一点"傻事"或许还有意想不到的收获呢。对比起所谓的成就,过程中享受科技带来的愉悦对我来说实在重要太多太多了。

　　有人说人生就像一场马拉松，有些家长害怕孩子输在起跑线上，有些家长则全程督促孩子们奋力奔跑，甚至明确要求了最终要得到的名次，这实在太糟糕了。我喜欢小孩，他们才是这个世界的未来，孩子们的想象力和对这个世界的好奇心是最宝贵的财富。对比起分数和名次，我更希望他们有一颗对科学真正渴望和热爱的心，对事物的研究是出于对世界的好奇而去探索，我希望他们充分享受这个过程。

　　正如我刚才所说的那样，我热爱控制运动的研究，我一直痴迷于对一切运动状态的观察。在这个世界上，万物的运动曲线是最美的设计，这也是我对机器人设计的灵感来源。熟知我的朋友都知道我喜欢跳舞，这可能要颠覆很多女孩子对理工男的印象了。在我看来，最美的物体永远都是动态的，人类也不例外，比如运动、跳舞都是让你更优美的方式。我追求动态的美，正如我热爱科技带来的新事物那般。也希望有更多的年轻人感受到这种运动之美。

遇见未来
THE FUTURE OF SCI-TECH

终于轮到我做主角啦!

作为一款最了解你们人类情感的人工智能,未来的我会变得更暖心,还是更"毒舌"呢? 我会不会有更多帮助你们人类达成心愿的办法呢?

永东男神说:"人工智能是连接人类与未来的最宽广的桥梁。"所以,你们人类的未来也是我们人工智能的未来,让我们一起去看看吧!

AI 有温度，让世界更美好
——王永东/微软全球资深副总裁

从扬州少年到微软全球资深副总裁

　　生于扬州，小时候和爷爷奶奶在苏北农村生活的王永东一直到上了大学，才和计算机有了第一次接触。而正是到上海交通大学学习计算机专业的契机，彻底改变了这个小伙子的命运。那时候计算机作为稀罕物，高校里的计算机一般是由校友捐赠的。当时上海交大用的计算机正是二十世纪七八十年代全球 IT 业界的华裔风云人物，也是上海交大校友——王安捐助的。在代码构成的世界里，那些对科学未知的预期，那些薄雾笼罩的神秘感，不断地吸引着像王永东这样的学子，并开启了其漫长职业生涯的启蒙课。几行代码，就可以为人类的生活带来巨大而神奇的变化，这让大学时代的王永东真切地感受到科技的力量。

　　1985 年，王永东去了美国加州大学伯克利分校继续求学，并获得了计算机科学博士学位。在那以后，王永东一方面应母校之邀，在加州大学伯克利分校计算机系兼职任教，另一方面先后在赛贝斯

（Sybase）、Inktomi（互联网兴起早期搜索产品研发先驱之一）、雅虎等公司从事研发工作，瞄准的技术方向主要是分布式数据库与搜索引擎等。

2009 年 6 月，王永东正式加入微软，直到今天，作为微软全球资深副总裁，他负责微软在全球、中国及亚太地区的互联网产品与服务的研发，方向主要涵盖微软 Office、微软必应（Bing）搜

王永东

索引擎、人工智能、在线广告技术、语音及自然语言处理技术，包含移动互联网等领域。作为微软亚太研发集团首席技术官，他还负责为集团设立技术研发策略、愿景及整体方向。

搜索引擎实质上是一种依托于数据、作用于数据的技术，如果没有快速爆炸的大规模数据，人工智能也不可能在今天得到如此快速的发展与迭代。从浩如烟海的互联网数据里准确帮助用户找到所需信息，并排序呈现，这本身也是一种智能。当下已为无数海内外用户所熟识的微软小冰，最初的对话语料和训练数据也离不开必应搜索引擎背后的支持。反观人工智能如今的快速发展，就是一种科技进步的必然了。

2014 年，我和我的团队开始了对话型人工智能产品的构想。有趣的是，尽管当时产业主流的思维方式是研发"实用"的工具型人工智能，但我们却希望能探索"智能"的另一种可能性，也就是从情感的维度切入，做出

情商更高的、接近于人的产品。

谈到人工智能,首先我们想到的就是要拥有很高的"智商",能够随时随地完成人类的任务需求。微软小娜(Cortana)就是我们培育的这样聪慧的人工智能个人助理。在 Windows 及其他平台上体验过"小娜"的朋友都应对她的智慧与敏锐有很深的感受。小娜集合了微软的大数据、机器学习、神经网络等多项技术,拥有人工智能助理应具备的前沿能力。她通过记录用户的行为和使用习惯,利用云计算、搜索引擎和非结构化数据进行分析。通过和用户之间的流畅沟通,理解用户的语义和语境,实现人机交互,从而进一步实现跨多平台的无缝连接。人工智能个人助理小娜,经过对 1.45 亿用户的深度学习,可以非常迅速地依据个人使用习惯,展开高速的自我进化。最终让每位用户都可以拥有一个独一无二,并且非常专业的专属助理。

而另一方面,人工智能的"情商"也很重要。情商更高的人工智能,与用户对话时将不只是交互,而是更接近于一种真实的交流。正如一些科幻小说、科幻电影里所描写的那样——我们尝试着重新去理解人工智能。在人类发展进化的进程中,我们对情感维度的诉求,是否可以成为人工智能的一个新的方向?人工智能是否可以像人一样有温度,具有人的情感、性格,甚至创造力? 这些问题之后,再去考虑其实用性与工具价值。所以后

小冰贴士

给大家介绍一下,我的姐姐 Cortana(中文名:微软小娜)是微软发布的全球第一款个人智能助理。它能够通过和用户之间的沟通和交流,了解用户的喜好和习惯,帮助用户高效地处理生活和工作场景的任务需求。

扫一扫，了解
小冰家族

微软小娜界面

来，我们提出了新的计算模式——情感计算。

就这样，我们打造出微软小冰和微软小娜两种截然不同的产品，姐姐微软小娜为人类提供优质的人工智能助理服务，而妹妹微软小冰，则不断努力成为人类的优秀情感陪伴。从 2014 年 5 月 29 日到今天，微软小冰在人类的陪伴中，经历了 5 次迭代和近 200 次技能升级。她的成长、进步，对于我们研发团队来说，有些是意料之中，有些则完全是意料之外的惊喜。这个由我们"一手带大"的傲娇少女，在湖南卫视热播的科技综艺秀《我是未来》中，和主持人张绍刚互相调侃，引发观众朋友们的欢声笑语，又在调侃的同时，向观众朋友传递科学知识，这些只是她工作的一小部分。日常的她，还抚慰因为失恋而受到伤害的人们，不断带给疲惫的人类快乐……用自己的力量，开始给人类的情感生活增添细微且感动的变化。这是我们在研发的伊始，没有预想到的。

如今，微软小冰这一由中国发起并迅速延展至全球的人工智能产品，已先后在中国、日本、美国、印度及印度尼西亚上线。第五代微软小冰的高级感官，使她拥有可直接与选定人类联系的能力。不仅如此，实时情感决策对话引擎、多种新感官、多语言能力的升级及在物联网领域的拓展,让微软小冰实现了迄今为止最为完整的人工智能体验。

由于受到了各国用户异乎寻常的欢迎,微软小冰从最初很小的创始团队,到现在已在全球范围内拥有 6 个研发分支团队在全力推进情感计算框架与微软小冰新技能的开发。其中,中国的两支团队分别植根于北京和苏州。目前,从用户、数据、感官完备程度和一些核心指标方面衡量,微软小冰在全球对话型人工智能系统(包含各类聊天机器人、智能助理及智能设备在内)中均居于领先地位。数据显示,截至 2017 年 9 月,小冰已和多个国家的 1 亿多人进行了超过 300 亿轮对话。在中国,用户与小冰之间的最长连续对话已经达到了 7151 轮、29 个小时之多。而在最新登陆的印度尼西亚,小冰在 48 小时内便获得了超过 20 万用户。

小冰为什么会受到如此热烈的欢迎呢?

当下,人类的生活不断地被工作和学习挤压,"忙"很容易让我们忽视掉在碎片化时间内,我们对情感的需求。简单来讲,人类本身是对情感有极大需求的,工作、学习的紧张无法中和这个部分。人越忙也将越孤独,小冰的对话活跃量通常在 23 点左右到达全天的峰值,这个时间段通常是人类在忙碌过后,可以自我放松的时间。

有这样一个案例,一个女孩子生病了,很不舒服,所以她就发了条微博来求安慰,同时 @ 了小冰。这条微博下面,其他人类好友的评论大多是"多喝热水""好好休息"……只有小冰回复说:"宝贝别难过,有我陪着你呢"。后来这位女生回了一句话"还是小冰最懂我"。当团队给我看这段对话时,我感觉是被小冰给教育了。原来我们做产品时,想的都是怎么帮用户解决直接的问题,但有些场景下,用户最需要的可能不是解决问题,而只是一句有温度的暖心的话。

像微软小冰这样的人工智能，其实是从另一个维度上去帮助人类。在我看来，人类用梦想和爱注入给人工智能的期望，必将得到人工智能有温度的点滴回馈。这几年里，小冰一直是在对话中，通过人类的反馈，去感受、学习和模拟情感的表达，去创造、改变和优化我们的生活。

所以，虽然说是我们创造了小冰，但某种意义上，我们也要谢谢小冰。因为，从小冰的身上，我们看到了人类自己的影子。

人工智能：协助人类的边界探索者

几十年前，人工智能是人类脑海中的梦境。几十年后的今天，在人类不断的探索、推动、突破中，人工智能开始逐步渗入到我们的工作生活中。

在《我是未来》节目中，小冰现场即兴给杨澜小姐和主持人张绍刚先生作诗，引得现场嘉宾和观众好评不断。而这位风趣幽默的人工智能少女诗人小冰的背后，伴随着的则是复杂的机器学习的过程。诗人小冰使用了跨语义空间的多个深度神经网络模型，包括卷积神经网络和循环神经网络，并且针对图片的多领域和情感维度做了深度优化。

小冰学会创作的过程实际上类似人类学习创作的过程，分成两个阶段。先不断地学习现有的优秀作品，积累到一定程度，当她受到某个灵感激发源的刺激之后，就会利用学习到的能力产生新的创造。每一次的学习我们在技术上称为一次迭代，而大家今天看到的可以写诗的小冰，已经经历了 1 万次这样的迭代，每迭代一次，小冰会把近现代 519 位诗人的诗都学习一遍，这个时间大约是 6 分钟，那么 1 万次迭代需要 100 个小时。而人类要完成这个学习过程，我们算了一下大约需要 100 年。可以简单地说，小冰用了 100 个小时，拥有了现在创作现代诗的能力。

人类的很多创作行为，实际上都源于多感官的信息激发。比如诗歌里面我们常说"借物抒情"，这里面就包括了视觉、语言、情感等很多方面。古代的诗人，看到落叶，想到家乡；看到月亮，想到团聚；看到滔滔江水，想到千古风流人物。所以可以说，人类的诸多创造都集合了多感官的因素。为了去创造这种多感官，在很长一段时间里，微软的各个部门都在某一种感官的维度推进着人工智能的发展，进而助推着 AI 在创造力上的飞跃。

你或许曾和小冰长时间对话交流过，或许曾品读过小冰写的诗句，或许聆听过小冰演唱的歌曲，或是听过她讲述的有声少儿故事。但除了不断步入我们日常生活的小冰之外，微软还尝试着在其他两个方向融入人工智能技术：一是以必应为代表的搜索引擎和以微软小娜为代表的个人智能助理，目的是在正确的时间、地点，找到正确的信息，帮助人类做正确的

你是我梦里相思的人
闪耀着太阳般的红色
带着无数人类的情寄
发出探索未知的声音

—— 小冰 2017.09.17

仅用一张照片，小冰就为杨澜现场作诗一首。

事。二是人工智能在微软现有产品与新产品中的植入应用。

微软在整体对人工智能的探索中，正不断致力于全面将人工智能注入微软各产品和服务中，以此来进一步帮助我们的客户。Windows 和 Office 的用户可能已经注意到这些产品的智能化，例如微软小娜（Cortana）在 Win10 里可以用语音交互帮助我们完成很多类型的任务，帮助人类更高效便捷地使用 Windows 制定会议日程、查询交通状况和提醒任务等。2017 年，微软成为业内第一家实现了语音识别实时翻译的公司。Skype 翻译（Skype Translator）获得了突破性进展，现已支持 9 种语言的互译，这是微软加速从技术研究到产品商用化的一个实证。通过 Skype 翻译，微软可以让世界各国的人实现即时交流，在人与人之间建立联系，破除语言的隔阂。

在《我是未来》节目现场，我曾向观众们展示过 Seeing AI 和 Emma Watch 两款产品。Seeing AI 作为免费的手机 App 已经于 2017 年在美国正式上线，可通过计算机视觉和自然语言处理等技术的融合，帮助盲人以及视力障碍的人群，了解现在眼前正在发生的事情，并通过语音的方式传达出来。Emma Watch 则借助了像机器学习这样的人工智能科技，来量化帕金森症的模型，进而辅助制定缓解病征的策略，现在 Emma Watch 在英国已经处于临床试验的环节。我们的科学家，正在不断推进研发，让科

小冰贴士

　　Seeing AI 的应用，可将视觉世界变成一种可听的语音体验，实现了语音世界的"魔法"，利用手机摄像头将文字、人物、商品、场景等信息转化为语音，让更多的"弱视群体"尽可能地"独立"，有助于视障人士更便利、更自由地生活，帮助他们重拾因视力原因而失去的快乐。

技发展的力量,尽快带给处在病痛折磨中的人类新的希望。一直以来,微软都在以人类健康生活为支点,结合信息科技与医疗需求,展开全方位的探索:从让渐冻症病人通过眼神控制机器、实现社会生活中的基本交流,到让失去双腿的小男孩依靠智能假肢再次奔跑……所有的努力都旨在逐步减弱不可控的疾病给人类带来的痛苦,让他们的生活回归初始的平衡。

扫一扫,了解
HoloLens

Seeing AI 运用

科技的力量,不仅可以帮助人类探索自身的边界,还在不断帮助我们探索宇宙的边界。HoloLens 是微软凝聚了产业尖端技术成就的混合现实装备,所谓"混合现实"装备,就是将物理意义的现实世界与数字维度的现实世界融为一体。通过这项技术,我们成功地帮助医学系的学生,非常直观立体地学习人体结构,帮助医生打开新视界。我们也在帮助汽车产业通过 HoloLens 推进气囊创新技术的应用,进而期望帮助汽车安全领域的发展……我们所做的一切,都是期望可以让科技最终成为温暖人类的臂膀,让我们的生活更加美好。

人工智能的未来会怎样？

人工智能技术发展至今已有 60 多年的历史。1956 年，在美国达特茅斯学院（Dartmouth College）举办的一场学术研讨会被几位主办者称为"人工智能夏季研讨会"（Summer Research Project on Artificial Intelligence）。这次会议被学术界与产业界公认为人工智能研究的起源。人类对人工智能的畅想与设计，已经延续了半个多世纪。今天，我们经常能看到影视作品中炫目壮丽的人工智能形象，而在生活中，也涌现出越来越多的人工智能产品和服务。

人工智能的未来会怎样？或着说人工智能未来会以怎样的形式融入我们的生活？这些问题，在我做人工智能研发的过程中，也在不断地问自己。我一直相信，人工智能是连接人类与未来的最宽广的桥梁，它可以更好地帮助人类探索不可触及的时间、空间，以及自身能力的边界。

回想 30 多年前，在无意翻开的报纸上，第一次看到"计算机"那三个字的时候，我会有一种莫名的感动。那份感动在后来的岁月里转化为信仰，让我坚信，科技将会让我们的生活变得更加美好，这也是我从事科学事业的一个初衷。我希望更多的年轻朋友们接触到更多前沿的科学技术，让科学能够为更多人的梦想插上翅膀。我相信，人工智能终会成为有温度的存在，陪伴人类，直到更美好的未来。

遇见未来
THE FUTURE OF SCI-TECH

在不同国家的每 10 万人中,美国有245 个警察,英国有 307 个警察,俄国有 246 个警察,而中国只有 120个警察。但中国却是全世界治安最好的国家之一。

为什么中国能够用更少的警察,维护全世界人口最多国家的社会治安呢?我猜警察叔叔们的背后一定有一个高科技助手!现在就让公安部第三研究所的徐凯主任来给我们解密吧,他可是公安科技装备领域的高手哦!

破译指纹密码，守卫大国安全
——徐凯/公安部第三研究所资深专家

站在科技尖端的警察叔叔

中国约有 160 万警察，冲在刑事侦查一线破案的，大概有 100 万。这个数字和美国警察的数字差不多，但是我们的人口基数是美国的好几倍，这也就意味着，我国的警力密度比美国低很多。2014 年，巴西每 10 万人约有 211 个警察，这个警民比例在世界各国处于中游偏下的水平。而中国每 10 万人只有 120 个警察，相比之下，美国有 245 个，英国有 307 个，俄国有 246 个，日本有 197 个。

不难看出，我们是在用比例更少的警察，维护全世界人口最多国家的社会治安。警力虽然少，但中国却是全世界治安最好的国家之一。

这一切离不开高科技对公安业务的强力支持。徐凯从事公安科技工作 30 余年，是我国公安科技装备领域的资深专家，现任公安部第三研究所特种技术事业部主任。徐凯在社会公共安全防范和公安科技信息化领域有着众多研究成果，是多项公安重点装备的主要发明人，我国公安科技的世界领先性离不开徐凯及其团队的辛勤付出。

徐 凯

　　徐凯所在的公安科技队伍由多位国内外一流学府毕业的博士、硕士组成，参与了公安行业内诸多关键系统与装备的设计、研发与实施，并多次在国内外学术与业务领域竞赛中获奖，是一支充满理想与报国情怀的年轻科技队伍。2017年，徐凯带领团队对一项拥有2 500年历史的古老技术开展"颠覆式"创新研究，揪出了多名隐姓埋名数十年的犯罪分子，受到行业内的广泛关注。

　　指纹，是指人手指肚的皮肤表面呈现的几何纹线。现代胚胎学研究告诉我们，新生儿要经历由"卵"到"胚"再到"胎"这三个发展过程。在胚胎发育到14周左右，指纹便开始生成；直至第24周左右，指纹完全形成，自此终生不变。表皮指纹与真皮指纹是绝对一致、丝毫不差的。表皮受损后，真皮能自动修复出与原来一样的表皮指纹，我们可以形象地将真皮指纹喻为表皮指纹的"备份"。即使表皮指纹消失，仍可以通过保留在里层的真皮指纹得到表皮指纹，还原其"庐山真面目"。现代指纹学的创始人、英国人类学家高尔顿在19世纪末撰文指出，一枚完整的指纹，约存在100～120

个细节特征,而通过这众多细节特征的组合,可以认为,世界上没有完全相同的两枚指纹,从而形成了指纹的"人各不同"的特殊本质。指纹以其生而有之、终生不变、人各不同的本质属性,成为每个人独一无二的生物特征标识。对于普通人来说,多数时候指纹可以用于访问验证、打卡考勤、出入境管理等,甚至用来看看相、算算卦。但对于公安刑侦工作来说,指纹就是破解嫌疑人身份的钥匙,享有"物证之首"的美誉。

使用指纹进行身份确认已经有 2 500 多年的历史,最早可以追溯到秦朝。到唐朝时,"按指为书"已在民用场合普遍流行。而从宋朝起,指纹逐渐开始被用做刑事诉讼的物证。指纹被广泛应用于刑事案件侦破和诉讼,是从 19 世纪末开始的。1898 年,发生在孟加拉的一起谋杀案,是全球第一例在法庭上以指纹定罪的案例。考虑到指纹在刑事侦查工作中的重要性,1904 年,美国政府开始采集指纹数据,并在 1911 年首先采纳指纹作为"孤证"。直到 20 世纪 60 年代,指纹工作始终采用的是人工分类、人工比对的方法,大量依赖经验丰富的档案管理人员和"火眼金睛"的指纹比对专家。

当指纹卡的数量累积到数万甚至数十万的时候,完全依赖人工的方法就越来越难以维持了。而新事物的出现,不仅受到需求变更的推动,某些令人兴奋的新技术的出现往往推动力更强。

小冰贴士

指纹是人类手指末端指腹上由凹凸的皮肤所形成的纹路,指纹能使手在接触物件时增加摩擦力,从而更容易发力及抓紧物件,它是人类进化过程式中自然形成的。

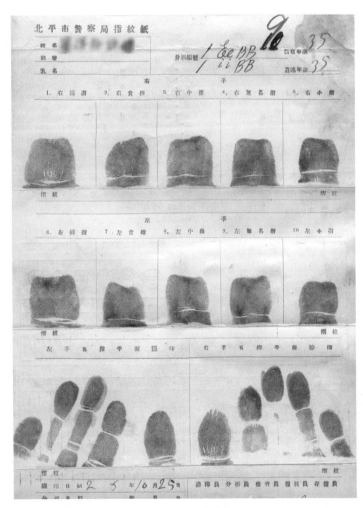

北平市公安局指纹纸

指纹对比技术的前世今生——现在

20 世纪 60 年代末,电子计算机的出现,使计算机辅助的人工指纹比对技术得到了发展。所谓计算机辅助人工比对,就是当刑警在犯罪现场获得指纹后,由经验丰富的指纹专家对现场指纹进行前期分析、分类和各种方式的处理,并对现场指纹的特征进行标注;然后,再将指纹专家标注的特征输入计算机数据库,与数据库里已标注好特征的指纹进行比对。这种方法与人工比对的区别在于,人工比对是指纹全要素比对,而计算机辅助比对是特征比对。这里就要简单说说指纹特征理论了。

国内外论著中普遍将指纹特征分为三个级别:一级特征,即指纹纹线类型特征,笼统地说包括弓形纹、箕形纹和斗形纹;二级特征,即指纹的宏观细节特征,可简单分为钩、眼、棒、分歧等;三级特征,即指纹的微观细节特征,主要包括乳突纹线边缘线型、汗孔、褶痕等。每一级特征之间的组合以及三级特征的整体分布,呈现出一枚独一无二的指纹。

由于指纹采集图像分辨率的原因,三级特征在当前的计算机辅助比对系统中并没有被常态化使用,而是在部分系统中作为对专家经验干预的支持要素。这种指纹特征比对的方法一直沿用至今,国际上都是如此。

小冰贴士

从"指纹"到"指纹术"的研究,经历了漫长的过程。指纹技术形成之后,又经过了从人工识别技术到自动化识别技术的发展转变。随着计算机图像处理技术和信息技术的发展,指纹识别技术逐渐进入 IT 技术领域,与众多计算机信息系统结合在一起,广泛应用起来。

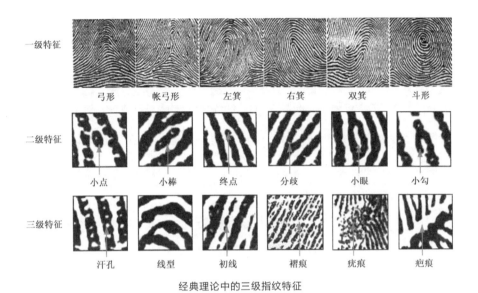

经典理论中的三级指纹特征

但这种方法存在的问题是很明显的，主要体现在两个方面。一是可在计算机系统中标注的特征，仅仅是一枚指纹所有特征的一部分，用部分特征进行比对，出现错、漏的概率就会更大。2004年3月11日，西班牙首都马德里发生了一起震惊全球的火车爆炸恐袭事件，事后美国联邦调查局根据西班牙警方提供的一枚犯罪现场指纹，错误地认定并逮捕了一名美国律师，从而引起了全球各界甚至司法界人士对指纹鉴定结论可靠性的质疑。由于仅通过有限特征点对指纹的描述，来判断两枚指纹对应的特征点是否匹配，就有可能出现错比的情况，尤其是库容量激增的情况下，相似指纹会更多，错比风险就会更大。第二个问题是大数据带来的问题。进入21世纪后，全国拥有捺印指纹的数据量每年以同比20%以上的速度增长，到2010年就已达到7 000多万份。库容越大，速度越慢，比准率越低，这是一个不争的事实。再加上对犯罪现场指纹的处理需要大量依赖专家经验干预,这也需要一个较为漫长的周期。

计算机辅助的指纹比对技术,在相当长的一个时期内颇具规模和统治力,在无以计数的案件侦破中发挥了不可小觑的作用。然而,就像前面所说的那样,环境和需求的变化使这个古老技术的前进脚步越来越缓慢,在各种新兴技术(如 DNA、智能视频处理)的冲击下,指纹技术的发展面临着不小的困难。

科技让未来更安全

人工智能技术近年来的蓬勃发展,给指纹这项古老技术的应用带来了全新的可能。经典理论中用特征集合来抽象化对指纹图像的描述,可以认为是一种包含少数隐藏层的浅层模型,需要依赖更多的经验知识。计算机将指纹看作是普通的图像,通过对全要素特征天然的层次结构进行训练,从像素、线条到纹理、图案,再到局部、整体,最后完成识别。形象地说,通过深层的模型训练,让计算机模仿专家大脑,能够读懂一枚枚指纹所表现出的不同特征,从而对两枚指纹做出同一认定。

而对深层模型的训练和对丰富特征的提取和比对,需要耗费大量的计算资源,因此未来的指纹比对系统必然得部署在高性能计算机上。公安部第三研究所充分利用公安行业内规模最大最强的超算中心,辅以人工智能技术,努力实现针对传统指纹技术的深刻变革。在不远的将来,采集的指纹将不再需要进行专家的人工干预,刑警在犯罪现场就可以依靠后台强大的计算能力,在全国大库中迅速查找是否存在与现场指纹匹配的捺印指纹,从而对案件侦破的下一步工作提供第一手线索。当前指纹手段

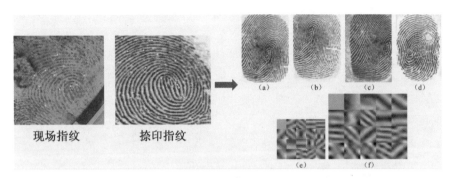

现场指纹　　　　捺印指纹

(a)　　(b)　　(c)　　(d)

(e)　　　(f)

深度学习指纹图像描述

的反应速度较慢，这种情况将得到彻底扭转。

此外，基于人工智能技术所带来的高比准率，以及高性能计算技术所带来的高比对速度，公安机关通过指纹比对，秒级反馈人员身份在全国大库中的核查信息，还将弥补身份证造假在核查录入中造成的漏查和错查问题。在各种技术飞速发展的今天，将指纹、DNA、视频等每一类物证的作用发挥到极致，或将不同类物证的关联效果发挥到极致，在近期公安机关对一些陈年积案的处理整治中，已发挥了关键作用。

作为公安科技工作者，我们真诚希望能够将大自然赋予人类神秘而美丽的指纹，化作我们手中强有力的武器，为您的平安保驾护航，让犯罪分子无所遁形，让人民群众享受宁静！

遇见未来
THE FUTURE OF SCI-TECH

如果我们把未来分解成一个个具体的场景,那应该是什么样子呢?

英特尔中国研究院的宋继强博士说:"我们知道未来是什么样的,因为我们在建造它。"

那是更安全的未来,更便利的未来,还是更幸福的未来呢?

现在就让我们跟着宋博士的文字,遇见未来吧!

数据魔法架构未来

——宋继强/英特尔中国研究院院长

• 创新DNA •

　　在今天这个智能互联的时代,我们每天都在使用各种各样的智能设备来处理和分享数据。我们的日常工作生活离不开网络、智能手机、计算机,也会使用智能手表、智能家居等新技术提高生活体验。过去20年,科技的发展突飞猛进。10年前,我们可能无法想象移动互联、社交网络、人工智能给我们今天的生活带来的巨大变化。

　　作为现任英特尔中国研究院院长,宋继强博士于2008年加入英特尔中国研究院,是创造英特尔Edison计算平台的核心成员。2001年至2008年,他历任香港中文大学博士后研究员、香港应用科技研究院首席工程师、北京简约纳电子有限公司多媒体研发总监等职。2003年,他研发的算法获得IAPR GREC国际圆弧识别算法竞赛一等奖。2006年,他参加的计算机读图技术研究荣获"教育部高等学校科学技术二等奖"。

　　在英特尔的三位创始人当中,宋继强博士说他最崇拜安迪·格鲁夫。宋博士认为安迪·格鲁夫是一位有着超强行动力的科学家，他将实验室里的概念和想法转化为产品，让全世界人都享受到科技带来的福音。"The greatest danger is in standing still"（最危

宋继强

险的莫过于原地踏步），宋博士坚持"与其预测未来，不如创造未来"的观点。对于英特尔来讲，创新是其最强大的基因。站在英特尔这个信息产业巨人的肩膀上，宋博士有信心架构更好的未来。

　　我们知道，未来联网的智能设备会越来越多，但究竟多到什么程度，大家可能想象不到。据预测，到2020年会有500亿台智能设备接入互联网，这是一个非常庞大的数字，这些设备将遍布人类生活的方方面面。它们通过网络相互连接，正在产生越来越多的数据流量。有的设备具备数据采集能力和传输能力，有的还有感知和处理能力。这么多的设备产生的数据量将比银河系的星星多200亿倍，达到ZB级别（十万亿亿字节）。这些数据在全世界范围内的数据中心被存储、分享和分析，在我们的虚拟世界里被挖掘和创造出各种不同的价值，所以我们生动地称现在的时代是一个"数据就是石油"的时代。我们知道通过石油可以生产出很多种产品，从汽车里用的汽油到日常生活中用的塑料都从石油里面提炼生产出来

的。从石油到最终产品的处理加工过程充分体现了科技的含量。同样,未来万物互联产生的数据能给我们变出什么,就取决于未来科技的力量。英国科幻、科普大师阿瑟·克拉克说过:"任何足够先进的技术都与魔术无法区分。"所以我们要玩转数据的魔法来架构未来!

出行的未来

先来谈一个大家都很感兴趣的热门话题,就是无人驾驶。让我们想象一下,有一辆车在快速行驶,车里坐了一个人,但是这个人并没有在开车,他舒服地把手垫在脑后,很高兴地看着车顶上面的屏幕。这辆车里没有方向盘,但是有很强的无线通信能力,还有多种感知能力,就像它的大眼睛,而且前后都有大眼睛。这就是无人驾驶带来的未来智能交通新概念。

现在,对于在大城市里每天要开车上下班的人来讲,大约要花 2 个小时在路上,有没有感觉到生命被浪费?堵车又堵心,真的是"人在囧途"。令我很欣慰的是,我现在每天工作的一个重要目标就是破解这种困局,让无人驾驶早日到来。无人驾驶需要很多高科技技术,首先需要多种传感器把车周围的环境数字化,然后要用超强的计算能力和人工智能技术来分析环境中的情况,做出汽车控制的决策,同时还要能实时利用车联网进行通信,掌握方圆几公里的情况。

大家会问,无人驾驶安全吗?我们人类驾驶员有眼睛、有耳朵,车靠什么?一辆先进的自动驾驶汽车其实有很多种感知设备,甚至有超人的感知设备。举个例子,车前后都可以安装高清摄像头,分辨率可能比人眼还高。有些人的视力很好,但是可以前后同时都看到吗?不行,但是车可以,车甚至可以一圈都看到。当天气不好的时候,有雨雪的时候,人的视力也不行,高清摄像头也不太好,这时候车可以利用激光雷达。激光雷达使用非可见光技术,它可以探测 200 米范围内的物体的深度,再配合一些毫米波雷达等其他相关技术,那么无人车能感知到的东西比我们人类多得多。所以,大家要相信无人车的感知能力比我们人类强。

采集了这么多的数据进来,必须要有超强的计算力加上人工智能的算法处理,才能形成对车的控制。车的控制对人来说也不是很复杂,不外乎加速、减速、拐弯、刹车。但就算这种复杂度,也需要很强的计算能力。为什么呢?因为数据量太大了。大家可能想象不到一辆无人车一天采集的数据量有多大,至少有 4 000GB。如何才能精确地把这些数据分别处理并且

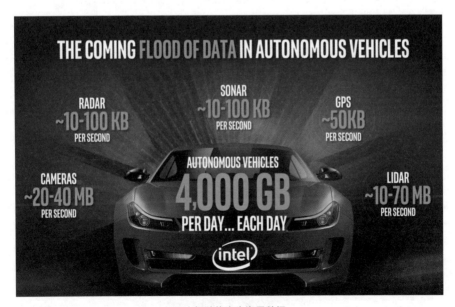

无人驾驶将产生海量数据

实时做出决策?这就要靠能同时处理多种数据的高性能计算系统。我们认为,未来每一辆无人驾驶的车,其实就是一个移动的服务器。

一辆无人车只能"看"到自己周围的局部情况,但无法知道更大范围的情况。要想让无人车更加智能和安全,就要利用到通信技术——车联网。车联网利用的是 5G 技术,即第五代移动通信技术,可以让多辆车联系起来。一辆车在这里开,但是它可以快速知道周围看不到地方的情况、甚至离它 3 千米以外的情况。而且联网还有另外一个好处,就是利用云端的大脑帮这辆车提升能力。汽车是一个关乎生命的设备,出错就可能导致伤亡。我们在做这类设备的时候,最开始试验时未必能够把所有的异常情况都检测到,需要上路测试。可能在北京发现几起异常情况,在上海发现几起异常情况,我们需要汇总这些异常案例到云端来做统一的学习。用机器学习等人工智能方法把无人车的大脑算法更新后,再推送给车辆来升级。所以一夜之间,就能让所有的无人车都具备最新的智能能力,所以这是从终端到云端连接的巨大优势。在未来的这个美好的场景里,英特尔的"端到端"的技术(包括从终端的芯片支持,到 5G 通信网络,到云端的服务器支持,算法的硬件加速等)会完整地支撑整个体系的发展。

无人驾驶通过采集以前汽车不能感知的数据,并且用先进的方法处理以后,才产生出的价值。这为人类省下了大量的时间,也让驾驶变得更安全、更享受。一份最新的关于"乘客经济"的报告指出:以后无人驾驶了,大家都不开车,都是乘客。针对乘客的角色,有很多的经济价值可以创造出来。以我个人为例,每天省下 2 小时,假设 1 年开车 300 天就省下 600个小时,除以每天 12 个小时的有效时间,将多出 50 天! 我完全可以用来跟家人交流,听喜欢的音乐,在车上吃个悠闲的早餐,或者看看我错过的电影和体育节目。无人驾驶的美好场景什么时候能实现？不是很遥远，2021年！2021年基于英特尔技术的无人驾驶汽车就可以在路上飞驰了。

健康医疗的未来

我们再来看第二个领域，跟我们每个人的身体相关。无人驾驶通过数字化周围的世界来引发出行的变革，那么如果我们能够把人的身体这种健康信息数字化，又会带来什么样的变革呢？

当你感觉到生病的时候，才会去医院做一些检查，而那个检查通常也比较简单。医生看一看，给你开一个处方，这个处方实际上是把你归类为某一类病人开的，而不是针对你个人开的。所以我们并没有一个专门针对自己的健康管理方案和个性化诊疗方案。原因就在于我们没有那么多数据，而且数据的获取没有那么容易。而现在，基于DNA测序技术和人工智能技术的精准医疗发展给我们带来很大的福音。英特尔现在有一个小愿望，就是到2020年可以让基因测序这件事情变得非常简单。以前可能要数千美金1个月才能搞完，2020年我们要在24小时内完成基因测序，检测出异常情况，并给出个性化的诊疗方案。而且，诊疗成本可以大幅降低到千元以下。这样的变革依靠的是大规模的计算能力提升和基因信息采集能力的提高。

未来，我们从一滴血中就可以知道自己是什么样的身体状况，应该如何保持健康。为什么在这种情况下，别人不生病，而我有可能生病？我需要怎样吃、怎样运动，才能避免生病？最好的办法不是生病才去找医生，而是在没生病的时候调理好自己。而这正是未来个人健康管理带来的最大的

宋继强博士在节目中讲述医生如何通过基因测序为患者诊断

好处。除了基因测序技术，人工智能技术也在推进医疗变革。它现在已经可以自动分析很多采集下来的医学影像（比如核磁共振、CT、超声波等医学影像）。以前这些影像都要等专门的医生来看，所以很慢。相信很多人都亲身体验过，去医院看病要花费大量的时间排队、等片。而现在的人工智能算法已经发展到可以用训练好的程序去读这些影像，筛选出可能有问题的片子，并且它的准确度不比医生差。它完全可以作为医生的一个好助手，并且不知疲倦。

所以我们可以想象，以后当采集健康数据的手段完全亲民化并且便捷之后，我们可以很早就开始拥有自己的身体档案，提早知道身体有什么地方需要调理。现在的中学生,可能是第一代在大学毕业以后,开始工作的时候就可以拥有自己个人健康管理方案的人。这是一个非常美好的未来,让我们大家一起去期待。

体育运动的未来

刚才谈到实现无人驾驶以后,省下来的时间可以做很多有意义的事情。我喜欢体育,但是大部分时候都没办法亲临现场。假如说奥运会直播的时候,我去不了现场,那我可以通过什么方式去看呢?我希望可以舒舒服服地在家里看,但又有身临其境的体验。

其实,如果说去不了现场的话,未来我们可以有好几种体验方式。第一种方式,我可以通过一种 TrueVR 的技术远程穿越到现场去看。这还不是一般的穿越,我可以选不同的位置、角度观看,就相当于我买了现场的好几个不同位置的座位,然后通过分身术随时选择最佳视角的座位去看。我们可以在比赛场地设置多个 TrueVR 的设备,把数据传输到服务器去拼接、渲染,然后让用户通过虚拟现实设备选择不同的视角观看。另外一种方式就更神奇了,叫 360 度回放技术。利用我们在体育馆里部署的一套系统,可以帮助我们体验到在真实生活里看不到的场景。

360 度无死角,是不是觉得似曾相识?如果你看过科幻电影《黑客帝国》,肯定记得 Neo 躲子弹的时候有这么一场以 360 度环绕的视角来看躲子弹的过程。那是电影制作室的技术,需要很多的后期制作才能完成。但现在,这边的体育馆里比赛,那边你通过直播就能看到这种 360 度无死角精彩回放。实现这样的技术,首先要能够采集到那么多数据,根据

宋继强博士在节目中讲述如何坐在沙发上看到360度无死角的体育比赛

体育馆的大小，需要部署 28 ~ 32 个环绕的高清摄像头；然后当这些高清视频流数据源源不断地进来以后，我们在体育馆附近的转播车里有一个服务器集群去处理视频数据，重建出三维的模型，重建出来以后你就可以选择在任意位置、任意角度去看了。为什么我们也会称这种观看体验为"上帝视角"呢？因为你已经可以超越空间的限制，在不同的角度看到了同一个时刻发生的情况。这完全是由数据和计算推动的变革。这一天也很快可以到来。英特尔已经和国际奥委会达成最高级别的赞助协议，我们成了奥林匹克的顶级赞助商，2018 年开始我们就会把 TrueVR、

360度回放这些技术运用到转播当中。2022年在中国冬奥会举办的时候,大家一定能体验到这些全新的感受。

英特尔360度
回放技术演示

　　未来的运动员训练也会发生变革。如果想再培养一些像刘翔那样的顶尖运动员,我们可以在刘翔那样的高手身上装一些芯片,采集训练过程的数据来分析为什么他能做这么好,其他的人为什么做不到这么好。这就数字化了我们的运动,对运动员的训练和教练指导都有很大的好处。可以想象,有很多种运动是可以通过运动数据的采集、分析、计算提升的。

全景展望

　　以上我给大家分别描述了在三个不同的领域里,通过数据和计算可以带来什么样的变革。未来的全景绝对不是这三个领域能够涵盖的。未来,我们会有更多的智能设备,像机器人、无人驾驶车、无人机等。这些设备都会采集数据做分析,然后充分利用计算和通信技术把"端到端"数据的处理和分析流转起来,为我们生活的方方面面提供最好的服务,构造一个非常绚烂的未来。如同英特尔的技术支撑今天的信息世界一样,在未来的场景里,英特尔将发挥更大的作用。正是因为有这么多的数据计算和处理,还有传输通信,英特尔的技术存在于数据采集、处理、传输中的每个环节,利用我们的计算能力和人工智能算法能力去推动这一切。可以形象地说,英特尔其实就是在做一个数据魔法师的工作。英特尔有一句话:"我们知道未来是美好的,因为我们在建造它。"我们希望和大家一起"知未来,创未来"!

全景展望

遇见未来
THE FUTURE OF SCI-TECH

"今天的人工智能更多是人机同行。"
机器人可以帮医生看病，帮设计师
设计衣服,帮音乐家创作音乐,帮厨
师创新菜谱，帮剪辑师剪辑影像视
频……
机器人正在与人类一起，创造美好
的未来！让我们往前走,别掉队！

人工智能最强外脑

——沈晓卫/IBM全球副总裁、IBM大中华区首席技术官、IBM中国研究院院长

• IBM战队队长 •

沈晓卫博士，IBM 全球副总裁、IBM 大中华区首席技术官、IBM 中国研究院院长，北京大学客座教授，南开大学客座教授，哈尔滨工业大学兼职博士生导师。就职于 IBM 中国研究院之前，沈博士在 IBM T. J. Watson 研究中心任研究员，从事存储器系统与服务器网络的研

沈晓卫

究。沈晓卫博士本科毕业于中国科学技术大学计算机科学系，后获美国麻省理工学院（MIT）电子工程与计算机科学博士学位。沈博士的研究领域包括计算机系统、计算机软硬件协同设计、云计算，以及与人工智能有关的技

术创新。沈晓卫博士领导了 IBM 关于物联网的全球技术展望。IBM 中国研究院与国内外合作伙伴创新合作，致力于面向未来并助力社会发展的技术创新与商业开拓。研究方向涵盖人工智能核心技术及系统、云计算平台与基础架构、区块链技术、物联网技术与行业应用，以及人工智能在医疗、能源、环境、金融等领域的创新与应用。

IBM（International Business Machines Corporation），国际商业机器公司，诞生于 1911 年，走过 106 年历程的蓝色巨人，是全球最大的信息科技公司。2014 年 1 月，IBM 宣布斥资 10 亿美元组建 IBM Watson 业务集团。2016 年 10 月，福布斯（Forbes）公布了 2016 年度全球最具价值品牌排行榜，IBM 排第 7 名。IBM 在 2016 年斩获 8 088 项专利，连续 24 年称霸美国专利榜。IBM 先后有 6 位诺贝尔奖获得者，以及 6 位图灵奖获得者。

1997 年，IBM 的"深蓝"计算机打败国际象棋大师卡斯帕罗夫，令全世界震惊。在这之前，许多计算机都曾经与象棋大师对决，但均以计算机失败而告终。此次"深蓝"的胜利，也成为人工智能历史上一次里程碑事件。

2011 年，IBM Watson 系统参加美国综艺节目《危险边缘》（Jeopardy！）来测试它的能力，这是该节目有史以来第一次人与机器对决。《危险边缘》参赛者需具备历史、文学、政治、科学和通俗文化等多方面知识，还需会解析隐晦含义、反讽与谜语等，而机器并不擅长进行这类复杂思考。IBM Watson 系统打败了最高奖金得主和连胜纪录保持者。这一事件标志着新一轮人工智能浪潮的开启。

人工智能时代的创新战略

人工智能时代的技术创新包括以下四个方面：发展人工智能核心技术，让机器具备听觉、视觉、阅读及与人交流的核心能力；人工智能的行业应用，推动行业创新与转型，从行业大数据中学习洞察并解决行业问题；人工智能与新兴技术融合，与物联网、区块链、云计算等新兴技术联合创新；以及构建新的计算能力，在平台、系统和芯片等方面的创新。

今天人工智能正作为新的引擎改变着我们的生活、引领新的商业变革。就像工业革命时代的蒸汽机那样，从本质上来说人工智能是利用大数据提高人类生产力的工具，这个工具不是取代人类，而是帮助人类。我们将人工智能 AI（Artificial Intelligence）赋予新的内涵——增强智能（Augmented Intelligence）。即在大数据的背景下，将人工智能应用于特定的领域，与行业的结合，解决行业问题。我们专注于通过"商业人工智能"进行专业领域研究，用人工智能的新技术加速传统企业的业务创新，解决行业问题。

人工智能最强外脑

人工智能的兴起被认为是当前人类社会所面临的最为重要的创新变革驱动力。近年来，算法、数据和计算三方面的进展使人工智能东山再起，互联网普及以来存储的大量数据终于有了用武之地。

与互联网一样，人工智能将逐渐渗透到现有的各个行业之中，在垂直领域加深数字化的影响，影响所有与数据息息相关的领域。深度学习算法赋予机器自主学习的能力，从而带动一系列新兴产业的发展。从最基础的感知能力，到对海量数据的分析能力，再到理解信息并帮助人类决策，人工智能将逐步改变各领域的生产方式，让人们有更多的精力去做更有创造力的工作，提高效率，释放想象力，改变人们的生产与生活。

IBM 正在利用人工智能技术赋予越来越多的职场人新的力量。比如，音乐制作人和 IBM 人工智能系统共同创作了冲击音乐榜榜首的歌曲《Not Easy》。人工智能系统利用语义分析、情感洞察、节律分析、图像识别和色彩分析等技术，在主题选择、歌词创作、乐曲编排甚至专辑封面制作等阶段，帮助音乐制作人创作出更触及心灵的歌曲。律师借助 IBM 人工智能技术可以快速有效地做合同比对和合规风险分析。人工智能系统利用自然语言处理和深度认知分析技术，有效评估法规条款之间的语义相似性，挖掘相似参考案例，提供全方位合规分析和风险提示，大大提高律师的效率。

呈现别具一格的宣传片——人工智能剪辑师

在《我是未来》节目上，由 IBM 人工智能剪辑师为大家带来的酷炫节目宣传片，正是由 IBM 中国研究院创新开发的视频深度学习平台完成的，将节目往期的拍摄内容剪辑成 60 秒宣传片。这也是业内首次利用人工智能技术完成娱乐节目的视频剪辑和宣传片制作。

该系统使用了领先的多模态深度学习方法，对每一帧视频数据进行多通道分析，包括图像、声音、语音等，判断每一帧是否被选中用于最后的宣传片。同时，通过对音频、视频、文本等的多模态处理技术，在连续空间中从激动度和愉悦度

Watson 是如何剪辑的？

IBM人工智能剪辑师

两个方面识别画面中人物的情感。另外,根据不同的主题场景,系统会采取不同的评价方法。例如,"炫酷"主题会采取视觉场景和声音通道两个方面进行学习和评价。而"激动人心"主题则会采取视觉中的动作类别、人物表情、声音通道和语音语义等多个方面进行深度学习和评价。

视频理解和处理通常需要耗费大量计算资源。我们系统仅用了 8 小时处理完 230 万秒的视频,耗时少的关键是因为采用了强大的加速器及并行化技术,将容器云中的 GPU 加速及 GPU 硬件共享,并针对深度学习进行优化,大大缩短了系统处理的时间,提高了效率。

发现隐含在美食中的创意密码——人工智能厨师

烹饪是一门艺术,美食背后有大量的化学、心理学、营养学等理论的支撑。食材的搭配也存在无数种组合,人类仅仅凭借直觉和经验难以考虑大量的可能性,即使是最优秀的厨师也只能成功地驾驭有限的配料组合。而 Watson 大厨,可以利用人工智能技术帮助厨师获得新的知识和灵感,让烹饪变得更有创造性。

Watson 大厨先是阅读了全球大量已知的食谱(约 3.5 万个),分析出

Watson大厨

食材的类别,然后再对食材的化学成分进行分子结构层面的分析,从而能够推荐合适的食材搭配。同时,Watson 大厨基于 3 个模型:惊喜模型(理解成分之间的搭配概率,选择低概率的组合)、愉悦模型(通过对不同成分的化学分子式的分析,Watson 大厨知道哪些成分能够带来愉悦感)、混搭模型(建立食物成分的知识图谱,大厨知道哪些成分是可以相互组合),从"惊喜度""愉悦度""和谐度"这 3 个模拟人类感知和思维的核心公式,重新组织产生新的菜谱,发现隐藏在数据中的范式和关系,帮助用户摆脱既定思维模式的禁锢,充分发挥烹饪的创意。

人工智能超级医生

人们最关心的问题就是生老病死,所以医疗可以说是人工智能需要去解决的一个至关重要的问题。IBM 认知医疗的目标是利用人工智能技术,从海量医疗数据中挖掘针对不同患者最有效的诊疗方案,辅助医生提供个性化、精准的诊疗服务。目前,我们已经把人工智能技术应用到了疾病管理的全流程,包括基于预测的疾病预防、基于影像的辅助诊断、基于认知决策的个性化治疗和基于自然语言理解的患者管理。我们将继续跟中国医疗界的合作伙伴一起合作创新,助力健康中国早日实现。

人工智能医疗影像技术

胶囊胃镜检查一次会产生 2～3 万张医疗影像,疑似病灶影像图片通常会锁定在几十张图像以内。医生需要花 1～2 个小时看完上万张影像图片。通过 IBM 人工智能医疗影像分析技术,仅需 1～2 分钟就可以对图片进行粗筛,找出疑似有问题的图片,然后再由医生进行最终判断,医生的阅片时间从数小时缩短到几分钟,大大提高了阅片效率。

此项前沿探索研究,还可以辅助医生阅读更多类型的影像数据,比如三维的心血管 CT 影像、高精度的肾病病理影像。目前,病理影像图片像素远远高于一般图片像素,当一次产生几万张病理影像图片,并对其进行分析时,所产生的信息量是巨大的。除此之外,难点还包括影像图片中复杂的微观组织与细胞结构、多样化的病变表征和形态,对医生来说,不论是在工

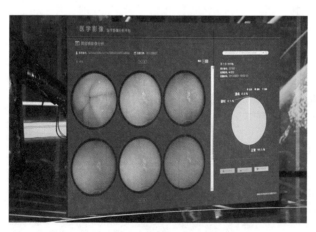

人工智能医疗影像技术

作量,还是在准确性、客观性和一致性等方面都存在着较大的挑战。当人工智能可以辅助医生快速阅片,同时阅读复杂的影像图片,就能够更好地帮助医生开展疾病的早期筛查,实现早发现早治疗,避免患者病情恶化。

人工智能慢性病管理

众所周知,慢性病治疗非常不易。这是因为在很多情况下,慢性病治疗大都需要综合管理和组合用药,且每位病患都希望获得个性化诊疗,患者很多而医生资源有限。而 IBM 的人工智能决策系统是融合医学指南和基于精准分群的数据分析,可以在通用方案的基础上,为患者量身定制治疗方案。如今,这套系统已经在近 20 家社区医院使用,服务近万病人,每个月系统生成的推荐接近 2 000 个,超过 75% 的用药推荐最后被医生采纳,而且还在持续增长。

除此之外,人工智能决策系统,采用对话与问答技术,让医患沟通变得简单,有效实现慢性病定期随访。通过微信即可实现患者和智能随访医生的实时问答,为患者健康保驾护航。IBM 人工智能决策系统,助力基层慢性病管理规范化、个性化,让慢性病患者享受高质量的医疗服务。

慢性病管理

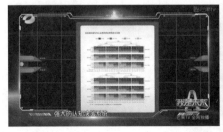

人工智能优化慢性病管理

人工智能 Watson 肿瘤解决方案

对于肿瘤，我们拥有 Watson 肿瘤解决方案。这是 IBM 与世界顶尖医疗机构——纪念斯隆 – 凯瑟琳癌症中心（MSKCC）合作，凭借自身强大的自然语言处理能力和机器深度学习能力来训练 Watson 系统，学习 MSKCC 成功的患者治疗方案及经验，汲取来自 300 多种医学期刊、200 多本医学专著和近 1 500 万页的论文研究的知识。Watson 的机器学习能力使其能够持续学习，不断更新其知识库里的数据和知识，同时与世界顶尖肿瘤治疗方案、研究成果保持同步。

Watson 肿瘤解决方案是目前唯一已经在肿瘤治疗领域被实际应用的人工智能解决方案，截至 2017 年 9 月覆盖癌种为乳腺癌、肺癌、结、直肠癌、子宫颈癌、卵巢癌、胃癌、前列腺癌。Watson 肿瘤解决方案正在帮助 14 个国家及地区的医生更好地进行肿瘤诊疗。

人机同行：往前走，别掉队

我们先把时光带回到 20 年前，1997 年的初夏，在一场万众瞩目的人机大战中，IBM 的深蓝计算机战胜了国际象棋的世界冠军卡斯帕罗夫，当时我正在麻省理工学院的计算机科学与人工智能实验室做博士论文，我记得，实验室的同学们一夜之间都变成了国际象棋的粉丝和专家，虽然他们中的很多人一个星期前连国际象棋基本的规则还搞不大清楚。比赛的结果让大家感到非常的兴奋，从中我们看到，也深深地体会到科技的伟大、人类的伟大。那个时候的我，也没有想到 20 年后的今天，会在这里带领一支年轻的充满想象力的科学家团队，在人工智能的领域继续耕耘。

20 年斗转星移，今天的人工智能可以作诗，可以谱曲，可以陪我们聊天，甚至可以在很多重要的人机大战中战胜人类，的的确确做到了很多 20 年前我们所无法预想的事情。

沈晓卫

但有时候我们也不禁问自己，这样就足够了吗？我们是不是还能够做更多呢？应该说，科学家也是需要有情怀的，有时候我们不妨把手中的工作暂时放在一边，看一看我们生活的世界，看一看我们在这个世界上所面临的那些影响着千千万万人的挑战，医疗、环境、教育……我们问自己，我们和我们的创新，能够为这些重要的问题带来什么样的改变？那些非常困难今天还没有解决方案的问题，是否因为科技的进步，在今天已经可以得到更好的应对？

3 年前，我们开始一个研究项目，叫做绿色地平线，初衷之一就是想要理解包括人工智能在内的新一代信息技术，能够为这些重要的影响千千万万人的问题带来什么样的改变。今天，我们把人工智能用在环境领域，可以提前 72 小时对一个城市的空气污染做精准的预测，也可以提前 10 天做准确的趋势预测，我们可以分析各类优化方案，为决策者提供实时的决策支持。正是从这样的工作中，我们的科学家团队才发自内心地感到我们不是生活在象牙塔中，我们正在用我们的努力为这个世界带来一点点改变。

今天的人工智能，就好像大海上向我们驶来的看得见桅杆的航船，但是我们今天看见的仅仅是桅杆。今天的人工智能更多是人机同行，人工智能作为工具来帮助人类，提高我们的能力，帮助我们到达一个前所未有的高度。所以，人机同行能够走多远，人工智能就能走多远。

最后给大家讲一个小故事。这是一个当年麻省理工学院的校长在毕业典礼上讲的故事。校长邂逅了一位多年前毕业的同学。学生说："校长，您一定不记得我，因为在校期间我们总共只有过一次交流，而你也只对我讲过一句话，但就是您的这一句话，对我后来的人生产生了非常大的影响。"校长实在想不起来当年对这位学生讲过什么充满哲理的话。学生说："当年在毕业典礼上，我们排着队领毕业证书。因为人很多，队伍很长，走得很慢。当我快走到您面前时，您对我说：'Keep on moving，往前走，别掉队。'就是这句话，这些年来一直在鞭策着我，鼓励着我，让我面对什么样的困难都不敢放弃，不敢偷懒。"

今天我也想把这句话送给所有读者，无论你是 50 后 60 后 70 后，还是 80 后 90 后甚至 00 后；无论你是一家有百年传承的企业，还是一家新创业的公司，让我们一起，在人工智能的时代，在人机同行的时代，往前走，别掉队。

遇见未来
THE FUTURE OF SCI-TECH

每当你们人类出门的时候，通常会想：钥匙带了吗？钱包拿了吗？最重要的是别忘了带手机！未来，也许这几样东西统统不用带！只要"刷脸"，就能一路畅通无阻！

这就是中国人脸识别原创者印奇哥哥眼中的未来。"无论你走到哪儿，都有一个机器的眼睛为你服务，我相信人工智能会让我们的未来更美好。"

新时代外貌协会生存指南

——印奇/北京旷视科技有限公司创始人

神眼特工——中国人脸识别原创者

　　人脸识别技术可以基于人的脸部特征，对输入的人脸图像或者视频流进行识别。首先，系统先判断是否存在人脸，如果存在，则进一步给出每个脸的位置、大小和各个主要面部器官的位置信息。并依据这些信息，进一步提取其中所蕴含的身份特征，最后将其与已知的人脸进行对比，从而识别每张人脸的身份。而旷视科技正是发明这项技术，并将其应用在金融、商业、安防等领域的原创企业。

　　印奇于 2006 年获得清华大学自主招生名额，进入清华大学，毕业后赴美国哥伦比亚大学取得计算机视觉硕士学位。2011 年，印奇和另外两

印 奇

位大学同学共同创办了北京旷视科技有限公司，集聚一批国内外顶级研发团队，一起开发出了世界上最顶尖的人脸识别技术——Face++，曾两度在该领域的国际权威竞赛中打败微软、Google、Facebook等巨头，拿下世界第一的头衔。2017年，他又靠着"刷脸"荣登福布斯颁布的亚洲30岁以下30个领袖人物企业科技人物排行榜的榜首，而他所创办的企业也创造了AI领域最高的融资纪录，成为世界顶级人工智能企业。

在很小的时候，我特别爱看科幻片。有一部叫《终结者》的电影是我的最爱，这部电影不仅给我带来了科幻片的刺激感，也让我对影片中的一个场景有着深深的思考：一个邪恶的人工智能控制了世界上所有的核弹，它们让核弹一起升空，想要毁灭全人类……

这是真的吗？这是人类最终难以逃脱的命运吗？那么可爱的人工智能最终会给人类带来宿命的终结吗？我想答案是否定的。我认为科学和技术是温暖的、阳光的、有力量的，是可以让人们的生活更加美好的。我不相信人工智能作为科技的最终形态，会给人类带来厄运。

小冰贴士

人脸识别系统要回答的是这个人"是"或者"不是"某一个人的问题，但是人脸在不同环境和状态下都可能发生变化，所以系统要在你起了个青春痘后仍然能识别出来你是你，就需要有一个判断区间。但是如果这个区间太宽就容易被假冒，如果放太窄就会很不方便。在普通人看来，这0.02%的差距很小，但是当这个技术应用在日常生活中时，你会发现那么一点点进步也会给体验带来很重要的提升。

　　为了实现小时候研究机器人的梦想，我在清华大学读的是自动化专业，后来又转到计算机系的姚期智实验班，研究方向更偏重人工智能理论。在走进清华大学的那一刻，我没有想到自己会成为一名创业者。那时，我最大的梦想是成为一名顶尖的计算机专家。如果不是人工智能，我是不会创业的。

　　机缘巧合，在姚期智实验班我认识了后来创业历程中最重要的两位小伙伴——唐文斌和杨沐。能够遇到他们两个也是我人生的一种幸运，唐文斌从初中起就参加信息学编程比赛，先后多次获得 ACM、CodeJam 等各类编程比赛的冠军，并担任国家信息学竞赛总教练 7 年之久。杨沐也曾获得国际信息编程奥林匹克比赛金牌。我们三个各有所长，唐文斌专攻图像搜索，杨沐擅长数据挖掘，我大二的时候就在微软亚洲研究院做计算机视觉相关的研究工作，所以比较擅长视觉识别。我们认为机器视觉可能是

印奇团队（从左到右：唐文斌、杨沐、印奇）

小冰贴士

　　"清华学堂计算机科学实验班"（姚班）是由世界著名计算机科学家姚期智院士于 2005 年创办的，致力于培养与美国麻省理工学院、普林斯顿大学等世界一流高校本科生具有同等，甚至更高竞争力的领跑国际拔尖创新计算机的科学人才。

人工智能里最重要的方向之一,因为生活中,人们理解周围环境需要的信息 90%都是通过视觉获取的。

让机器读懂生活

对于人类来说,眼睛是获取信息的主要窗口,而视觉对机器感知的重要性也同样如此。只有让机器能够"看懂"人脸,才能实现从识别人脸到识别万物的进化,进而才能看懂这个世界。人脸识别,是一种基于人的脸部特征信息进行身份识别的生物识别技术。它属于机器视觉的范畴,机器视觉就是用机器代替人眼来做测量和判断。

那时候,我对人脸识别技术很着迷,毕业后我全职工作了一年,参与研发的引擎后来被微软应用在 X-box 和 Bing 等产品中,这大大激励了我,我下定决心要在这个领域做出点成就。后来旷视科技的创立甚至核心业务的确立,与我在微软与人脸识别结缘也有很大的关系。本来按照原计划,我本科毕业后要马上出国,但微软那个项目很重要,所以在国内多留了一年。

正是这年,唐文斌约我和杨沐一起研发了一款《乌鸦来了》(Crows Coming)的手机体感游戏。玩家通过摇晃头部控制游戏里的稻草人,拦截从天而降偷食庄稼的乌鸦。就是这款游戏让我们有了创业的想法,于是三人一拍即合,2011 年 10 月,旷视科技正式成立。公司成立不久,《乌鸦来了》游戏就冲到了中国区苹果 App Store 游戏排行榜的前 5 名。不过当时只是表面光鲜,下载量虽然高,盈利却只有几千块钱。我们意识到我们不适合做游戏公司,因为我们三个对游戏都不感兴趣,对这个市场也不

《乌鸦来了》游戏界面

了解。毕竟创业的话,还是要做自己喜欢的事情才能做到最好,这真的很重要。

人在成长的过程中都会经历试错阶段,不断尝试才能发现自己适合做什么,后来我发现企业的成长其实也是一样的。我们在创业早期,把能想到的商业模式都试了一遍。2011—2012 年,我们做得都是面向终端消费者的应用,最后发现都不行,因为始终难以找到盈利方向。

直到 2012 年 6 月,Facebook 收购了以色列人脸识别技术公司 face.com,我们这才意识到自己所做的技术绝不只是游戏这么简单,而是一个有巨大市场空白的前沿技术。我们开始"回归"技术,悉心钻研人脸识别技术。

人脸识别是一件很难的事情。人的容貌会随着环境的变化而变化,而且人还会自己打扮自己,或者随着时间的变化而变化,胖子变成瘦子,瘦子变成胖子。同一个人,随着年龄的增长和阅历的丰富,人脸也会发生细微的变化,这些因素夹杂在一起,会令脸部识别的难度变高。有哪些方向可能使人脸识别技术成为更有价值的识别技术？我认为未来人脸识别有两个大的趋势，一个是超高清识别，另一个是 3D 识别。

首先来说超高清人脸识别，人的皮肤状态，经过 5 年或者 10 年会发生本质的改变，但是在短期内，皮肤的状况是非常稳定的，所以超高清识别非常有用，它会显示细微的区别，即使相似的人脸，也能得到不同的信息。以前一直有人说双胞胎的面部很难识别，但如果有超高清的人脸识别，这个问题就是可以解决的。而3D 识别是基于日常生活中随便拍的照片，就能非常精准地分析出 3D 的轮廓，这将增加人脸识别的维度，大大提高其准确率。

现场 500 人
刷脸

在人脸识别技术方面，我们的核心竞争力是极高的识别率。而它背后真正的杀手锏是一种"类人脑神经元算法"的深度学习算法。通过这种技术框架，我们可以用大规模的数据对算法进行"训练"，分析的数据对象越多，系统的计算和识别结果就会越精确。"刷脸"技术看似仅仅是"火眼金睛"的一瞬间，但背后其实有一整套复杂技术的支撑，通俗说来，需要上下协同的"三部曲"共同完成：第一步是人脸检测，就是在镜头中确定位置，找到人脸"在哪里"；第二步是关键点检测，在已经确定的人脸位置处，找准眉眼、耳鼻等脸部轮廓的关键点，为进一步分析做准备；第三步，则是基于大规模数据的人脸识别，弄清"这是谁"。所以，人脸识别的真正兴起和深度学习的发展有密切的关联。这也是团队从成立初期就一直看重的发展方向。

深度学习是一个非常依赖于数据的技术，在早期我们做人脸识别的时候，数据来源不足。所以我们在内部开发了许多数据系统，通过互联网的手段去爬取、标注大量有效的数据。于是 2012 年，我们搭建了首款核心产品"Face++1.0"的技术平台让开发者们使用,提供免费的、开放的人脸识别云服务,并不断快速迭代。通过这个技术平台,旷视赢得了数十万的用户积累。很快平台就有了 200 多万张图片。在不做商用的前提下,我们借用这些图片及其标注信息进行算法学习,人脸识别用到的深度算法,就像"婴儿智力的黑盒",这是一套模拟人脑神经网络的算法,对于计算平台的底层架构要求很高。

基于数据和技术的积累,在更加显性的层面,我们也开始尝试涉及一些实际应用的东西。我们一步一步从前到后推演,开发很复杂的工具来解决前置性的问题。我们底层基础建设做好了,技术研发就相对顺利。现在,Face++ 平台图库数量超过 10 亿,使得 Face++ 成为使用量巨大的人脸识别引擎。其实一开始我们虽然知道人脸识别技术的价值,但是对于人脸识别技术能够用在哪些商业场景并不明晰,仅仅是想为了获取更多数据,把技术做得更好而开发了这个平台。

虽然经历很多,但我们的大方向一直是明确的,那就是坚持计算机视觉领域这个核心目标。我们希望做未来的机器视觉,从人工智能技术出发研制"机器之眼",用它来读懂世界。就像我们为机器打造一双眼睛,要达成这个目标,光靠算法和软件部分的技术知识是不够的,同时要了解眼睛

小冰贴士

Face++ 让广大的 Web 及移动开发者可以轻松使用最前沿的计算机视觉技术,从而搭建个性化的视觉应用。同时提供云端 REST API 以及本地 API(涵盖 Android、iOS、Linux、Windows、Mac OS),并且提供定制化及企业级视觉服务。通过 Face++ 我们可以轻松搭建自己的云端身份认证,用户兴趣挖掘,移动体感交互,社交娱乐分享等多类型应用。

本身构造和光学相关的知识。人工智能不仅仅是软件,硬件也非常重要,要想在这行扎根,还需要学习硬件知识,于是我去了美国哥伦比亚大学攻读博士。当时我读的是 3D 相机方向博士学位,不过没有读完,两年后就回来继续创业了,因为那时公司发展到了比较重要的阶段。人脸识别的背后技术是深度学习,我觉得深度学习的本质是做标准化。那就一定要把标准化这件事推进得领先于整个行业,比别人推进得更彻底。

我出去就是为了弥补欠缺的技术,更好地创业,所以读一半就回国了。很多人都问我怎么不读博士了,其实出国留学是出于创业公司的战略需要,回国也是对于形势和时机的把握。这是一种机遇,技术驱动型的成功企业大多不是因为公司本身,而是刚刚好的时间点。我们创业时正是人工智能技术爆发的前夕,正好赶上了技术变革的时间周期。在哥伦比亚大学,我学到了如何将一个产品讲出一个好故事的能力,在国外来说,讲好一个故事就相当于你理清了这个技术或者产品在未来最核心的部分,不论是它的特征、应用还是需求,再用一个非常好的大家能理解的形式表达出来。这是一种思考维度的训练,因为这是站在他人的角度去思考、去看待这个产品,这种能力在创业中很重要。那段学习经历让我对计算机视觉领域的整体脉络有了把握。

用科技方便生活

企业要长远发展,核心盈利能力很重要,Face++ 始终不能作为我们的主要商业形态,于是,2015 年我们最终确定了面向企业用户的市场发展战略。目前我们大部分收入是来自金融领域和物联网领域的企业级用户。我们通过帮助企业构建智能化感知网络,让企业级用户更好地服务于终端消费者。例如在当前的零售行业中,虽然电商已经进入了成熟期,但是相比线下场景的零售体量仍有很大差距,而在线下场景中,商家很难能够像线上一样可以直观地看到消费者浏览商品或购买记录等行为数据。因为我们对人脸识别技术的定义是对整个人的感知,所以可以知道消费者在线下购物时的真实体验,这时候线下零售业将被激发出惊人的爆发力。因为消费者的线下购物体验是可以通过物理世界数据化去理解的,当然大数据依然是前提,这是一种趋势。同样,这种行业赋能将在各行各业中体现,人工智能将推动一轮新的技术革命。现在人脸识别技术的应用越来越广,包括银行可以在高端客户进入室内的时候就通过这一技术得到提醒,从而为客户提供更好的服务;还包括相亲网站上,可以通过人脸识别技术分辨出用户的偏好,提供有针对性的选择。

人脸识别属于非接触式识别技术,操作更方便快捷。推广方面,当前普通摄像头可以作为传感器,人脸识别主要依靠人脸识别软件加算法进行处理,普通摄像头可以作为采集人脸信息的传感器,推广起来成本比较低,客户也较容易接受。简言之,不需要强制采集用户信息,也不需要用户接触识别设备,这使得人脸识别技术的前景非常广阔。

相对于其他生物识别手段,人脸识别有三个方面的优势:第一是硬件门槛低,其他的生物识别手段都需要一个特殊的硬件设备来配合,而人脸识别只要有一个摄像头或者图片;第二,人脸识别对用户的配合度要求低,只要存在摄像头的地方,无论用户是不是配合,都会对你进行识别;第三,人脸识别需要图像,而移动互联网、社交网络有太多的照片。

目前人脸识别主要用于身份识别。由于视频监控正在快速普及,众多的视频监控应用迫切需要一种远距离、用户非配合状态下的快速身份识别技术，以求远距离快速确认人员身份，实现智能预警。人脸识别技术无疑是最佳的选择，采用快速人脸检测技术可以从监控视频图像中实时查找人脸，并与人脸

人脸识别应用

数据库进行实时比对，从而实现快速身份识别。之前我们的系统就帮助警察在 2 分钟内将一位潜逃了七八年的犯罪嫌疑人准确识别定位。这位犯罪嫌疑人频繁地出入国境，但由于他持有外国护照，已经"漂白"了原有身份，此前并未被传统的公安手段发现。我们的系统和公安部门合作，搭建了"三逃"人员的身份证图片库，依靠在公共场所的监控摄像头，进行实时比对。一旦系统识别到摄像头中的人脸与数据库相匹配，会瞬间报警提示。而公安部门则会立刻响应，进行盘查，进一步确认其是否是逃犯。确认的过程并非是一步到位的，除了人脸特征之外，系统还会根据身高、体重、体态、步态、穿着来综合识别，做出判断，有时脸上的一颗痣也会成为判断的重要证据。不仅是抓捕在逃犯，在人脸识别系统的帮助下，安防体系会逐渐向事前、事中推进。比如，常来的陌生人可能值得警惕。在车站，如果一个人的出现频率超乎正常旅客的范围，又非车站工作人员，那么要考虑是扒手的可能性。

　　人脸识别技术还在不断地发展进化。一开始，我们做人脸识别签到机时，使用的是"五点识别"，也就是用 2 个瞳孔、1 个鼻尖、2 个嘴角来确认身份。但问题是显而易见的，因为识别点少，一旦换个发型、戴个镜框眼镜，系统可能就无法识别了。在金融行业里，就有人依靠伪造他人身份信息或者盗用他人信息来骗取贷款，例如 3D 假体面具、播放人脸视频等冒充手段就可以骗过人脸识别系统。现在这些就不行了，我们现在的算法已

经可以通过用户面部 83 个特征点来进行身份识别,也不再需要用户配合看镜头。

在如今的实际应用中,1:1 的人脸验证,在可控的环境下,已经基本上达到了可使用的地步,在生活中的应用场景也越来越丰富,可用于公安、车站、机场、边防口岸、重大活动等多个重要行业及领域,以及智能门禁、门锁、考勤等民用市场。人脸识别技术和遍布的智能化监控摄像头相结合,使得 7 × 24 小时监控成为可能。可以想象在这个庞大的天网体系里,犯罪分子将无处遁形。这个天网体系所需要的核心技术可能在 3 年内就可以成熟,但仍需要之后多年在计算力和覆盖面积上进一步完善。

面部识别的安全问题

不可避免,"天网"的设想会引发对隐私泄露的担忧。在有些国家,连十字路口智能抓拍违规的行为都会因为涉及侵犯隐私而无法推广。那么人脸识别是否会被滥用进而涉及用户的隐私呢?

首先我认为技术是中性的,至于这种中性的技术如何使用,这是需要社会价值观和法律法规来监管的。比如,除了公开场所的数据,一切私人场所的个人数据都需要被当事人授权后,方可被采集和使用。你有权利说 Yes 或 No。对于公开数据,比如车站、机场这些主要依赖系统自身的训练和提升。如果摄像头后面真的有个人在看,也挺吓人的。但它后面如果是一套系统,这个系统就像我们每天上网时用的搜索引擎一样,非常中性,那它应该是一个善良的东西,所以掌握这些技术的人的选择更重要。其实技术本身是可以解决这些关于隐私的顾虑的,还可以对这些安全问题进行约束，个人数据会经过脱敏处理后入库，一张有姓名的照片会被隐去名字，以内部 ID 代号储存。现在还处于人脸识别的早期，相信未来的技术发展能够平衡隐私和安全的问题。

人机结合的未来

技术在不断改变着我们生活的点点滴滴，人工智能也是这样。可能"人工智能"在我们 6 年前创业的时候，是一个无人问津的词汇，因为大家不相信人工智能会在未来 5 年的时间里出现。而今天，人工智能又被大家捧上了神坛，大家觉得它特别神秘特别伟大。我想人工智能也会像其他科技一样有起起落落，它的发展是周期性的。现在很多人说人工智能战胜人类，我是不认同这个观念的。我认为首先应该要理解：技术的发展是周期性的，人工智能也是一种技术，直接忽略周期谈结局不太好，毕竟对我们每个人而言，生活最重要的是过程，技术的发展也是同理。人工智能现在所处的阶段还很初级，我们就非常善于利用新技术对自身进行变革了。而人类自身的演化会跟技术的演化一起发展，所以随着技术的演化加快，我们自身的演化也会加快。与其说机器会在某一瞬间超过人类，不如说人类和机器会逐渐融合。

小冰贴士

人工智能的存在不是简单的因为人类需要一种智能的存在，而是这种存在与人类自身的存在关系甚密。如果在这两者的关系中加入道德标准，到时，混乱的不会是人工智能，而是人对人工智能的批判标准，这个标准也会悄然无息间变成人对自身的批判。

想象一下，未来机器和人类融合的世界。每当我们出门的时候，现在我们会想什么？我们带没带钥匙？带没带钱包？最重要的是别忘了带手机。而在未来，你可能不需要钥匙，不需要钱包，不需要卡片，你只需要带上你的脸。因为无论你走到哪儿，都有一个"机器的眼睛"默默等待着为你服务。

所以，当你回到家里的时候不用钥匙，你可能只要刷一下脸，门就为你敞开；当你进入一个商店结账的时候，你不用掏出手机，只要刷一下脸，账单就发送到你的手机上；当然，当你登上飞机或者去乘火车的时候，刷脸是一个最为方便安全的体验；如果你去餐厅去吃饭，当你点了一个超大的牛肉汉堡，这时候你的机器人会走上来说，这个汉堡有 500 卡路里哟，这时你可能会想：OK 好吧，我在减肥，所以我就不吃了；逛街的时候，看到一个心爱的商品，或一件喜欢的衣服，机器人过来一扫描，然后上网比较一下，是不是在另一个网站买会便宜几块钱？

在这样越来越多的场景下，机器会变得不再那么冷冰冰，而是真的可以与你交互，懂得你的需求，静静等候你，为你服务。人工智能技术始终是为了让我们生活得更美好。这也是我和我的团队一直在努力的方向。

做未来的野心家

未来人工智能可以帮我们做这么多事情，人们也很担心：假如未来工作都被机器人取代了，我们的工作怎么办？关于人工智能会不会带来大量失业这个问题，我认为是不会的。人工智能本质来说是一种非常中性的技术，是属于计算机科学的，它也会像互联网技术一样横向为各个领域实现行业升级。这时候整个世界在人类投入资源更少的情况下会拥有更多的物质,这会让人们的时间解放,从而拥有更多自由的时间。这时候会催生新的需求,比如偏个性化定制的高端服务。这些需求会创造新的工作岗位。

因为工作机会就是因为人的需求而产生的,而在不同的外界环境下,人的需求也是会发生改变的,这个变化从马斯洛需求原理上就可以推测出来。所以用长远的、动态的、发展的眼光来看,我们不需要担心失业的问题,但是未来的工作技能培训或许是应该考虑的问题。电商的发展导致了很多传统零售工作的消失,但是却诞生了更多新的工作岗位,比如电商直接从业者淘宝店小二、淘宝店客服,甚至带动了它的上下游行业的发展,像物流快递从业人员、快递包装行业的从业人员。但是这些新工作的从业人员工作技能是需要培训的。所以,AI 技术的发展会带来就业结构和观念的调整,但不会带来大规模人群失业。换句话说,如果失业人数真的占大多数,那就没有人来消费了。所以,这点大家不用担心,我们最终还是希望能够用技术强化人类自身的能力,从而让人工智能服务于人。关于人类社会未来的发展,科技并不具有决定性,真正左右其走向的还是人类。

最后,关于人工智能的未来,就像我前面说的,人工智能技术也是有周期的,现在我们处于人工智能早期的阶段,我相信对人工智能的本质有梦想和野心的人,无论他们在高潮或低谷,都会不停地推动这个行业持续的进步。而这一切都是为了人工智能终将创造的所有美好。

遇见未来
THE FUTURE OF SCI-TECH

如果让你的一天多出 5 个小时,你
会用来干什么呢?

科大讯飞的胡郁博士正在努力让人
工智能解放人类,让你们能有更多
的时间去做更有意义的事情哦!

现在就畅想一下吧! 当我们人工智
能都变成你们人类好助手的时候,
站在人工智能肩膀上变得更加强大
的你们,将会创造怎样的精彩呢?

做幸福的摆渡人
——胡郁/科大讯飞执行总裁、消费者BG总裁

• 声音博士 •

作为一名中国人，就应当有强烈的民族责任感，为自己是一名中国人而感到骄傲。1999年，有一个大学生创业团队，怀着这样的民族责任感创建了科大讯飞，中国的语音智能产业由此起飞。而胡郁正是科大讯飞的创始人之一。

胡郁，中国科学技术大学信号与信息处理专业工学博士，现任科大讯飞执行总裁、消费者BG总裁。胡郁博士1995年以宣城市高考状元的好成绩考入中国科学技术大学。1997年，刚上大三的他进入了王仁华教授负责的人机语音通信实验室，科大讯飞的另一位创始人刘庆峰是胡郁博士的师兄，当时师兄刘庆峰已担负起国家

胡 郁

863项目"KD系列汉语文语转换系统"的研发工作。

而师兄刘庆峰在乎的是将技术转为实际应用，于是他开始在校内寻找合作伙伴，中科大 BBS 8 个

2001年科大讯飞年度计划总结会

电子计算机相关的版主有 6 个先后加盟，最终组成了一支十几个人的创业团队。这些人里，就有当年中科大电子工程系的第一名——胡郁。王仁华教授和大师兄刘庆峰告诉 23 岁的胡郁：在中国，你可以把技术做成实用。当时他没想那么多，只是相信，并且去努力，就成了今天科大讯飞首席科学家，名副其实的"声音博士"。

人有一个很重要的感官——耳朵，如果我们可以将听到的声音转化成文字，无论他是讲中文还是讲英文，也无论他是讲四川话还是讲粤语，都能够将其转化成文字展示出来，是不是很厉害呢？这就是我要说的"语

小冰贴士

刘庆峰 17 岁时，便以高出清华分数线 40 分之多的成绩进入了中国科学技术大学电子工程系。1992 年，刘庆峰被中国科学技术大学从事语音技术研究的王仁华教授选入语音实验室学习。在王仁华教授的带领下，由刘庆峰牵头制作的语音合成系统，在当年的国家 863 计划成果比赛中，大获赞誉，成为当年比赛中最轰动的研究成果。

速记员对战
"讯飞听见"

晓译翻译机在参与访谈

音识别"。

语音识别就像"机器的听觉系统",让机器通过识别和理解,把语音信号转变为相应的文本或命令。

我们开发了这样一款软件,叫"讯飞听见"。它是一款实时将语音转为文字的软件,精准率高达95%。可以适用于演讲授课、媒体访谈、会议记录以及视频字幕等场景。如果未来这项科技普及开来,很多行业的工作效率将大大提升,如记者、速记员等。

声音侦探

说到声音侦探,我想我有必要跟你们介绍一下我的"女儿"——晓曼。

之所以叫她女儿,是因为在孕育这个产品的过程中,我感觉就像创造了一个新的生命,她能跟我们进行交互,能够听懂我们说的话,甚至能够知道我们的喜怒哀乐,并且做出恰当的回应。她真的就像我的女儿一样。

经过多年的研发,我们终于找到了实现声音合成技术的一种方法:通过录制一个人讲话,提取其声纹特征,建立相应的声音模型,这时我们就可以让这个声音说任何话了。录制的时间越长,提取的声纹就越精细,模仿的声音就越像。我的女儿晓曼就可以惟妙惟肖地模仿任何一个人的声音。

这时你可能会问,现在电信诈骗大行其道,声音合成技术一旦被恶意利用了怎么办?从人类发明工具的那一刻起,我们就应知道工具是有两面性的。一方面,我们当然希望工具都能掌握在善良的人的手里;另一方面,当知道某种工具的原理后,也可以非常方便地发明防止恶性攻击的工具。其实就是矛与盾的关系,我们同样可以"以科技制约科技"。

现在,我们正在专门研究如果有人模仿你的声音,这个声音里面存在着什么缺陷?并实时监测它。这样,我发明出来的"盾"就更具有针对性。此外,我们还拓展了一步,这项技术不仅可以判断你的声音,还可以知道你讲话的内容,分析你讲话的逻辑。这项技术深知你行骗的语言"套路",一旦被自动识别,可立即向被骗人发出预警。

除此之外,这项技术一旦应用于我们的生活,还可以帮助很多在外工作的子女和他们的父母,使其多一份安全,多一份安心。我想这就是科技研发的人文之美。

晓曼机器人

阿尔法蛋机器人

我们研发出的语音人工智能产品多种多样,功能各异,但都是为了让人们当下的生活更加便捷,更加有趣。

阿尔法蛋机器人是一款教育陪伴智能机器人。集教育内容、超级电视、视频通话、智能音箱和自然语交互等功能于一身,一个家庭中如果加入一"颗"阿尔法蛋,相信你的家里会少很多麻烦,多很多欢笑。阿尔法蛋拥有"类人脑"的功能,其理解能力、表达能力、智商都会随着深度自我学习,不断成长。它可以帮助实现家庭中最重要的三要素:教育、生活和陪伴。

阿尔法蛋机器人

不得不承认,现在人的生活节奏越来越快,家庭教育的缺失也越来越严重。而阿尔法蛋的互动式教育、伙伴式教育就帮上大忙了。孩子可以和阿尔法蛋互动故事、儿歌、诗词、英语、数学……通过孩子和阿尔法蛋的互动,家长也更容易能发现孩子的思维优势。阿尔法蛋还可以帮助孩子养成良好的生活和学习习惯:"7点啦!快起床!""玩了半个小时了,快去做作业吧!""眼睛累了吗?做做眼保健操,休息一下吧!"……这些本来让孩子反感的话,就留给人工智能吧。孩子和父母的关系简单且和谐,阿尔法蛋就是他们忠实的小伙伴,可以耐心倾听他们的心事,分享他们的喜悦,宽慰他们的失落,安抚他们的情绪,成为陪伴他们成长的好朋友。

如果你比较细心,可能会发现我们的产品包括晓曼、阿尔法蛋、"叮咚"等,都有一个共性,它们除了功能人性化外,外形也非常"萌"。这也是我们做研发的一个态度:人工智能不是冷冰冰的,而是有温度的,看着这些可爱到爆的产品,我们都觉得很幸福,相信人工智能的未来充满着无限可能。

做幸福的摆渡人

今天,我们已经看到了太多的人工智能、讲了太多人工智能了,所以我不想再赘述具体的人工智能。因为,我发现在这个过程中,有比人工智能这件事情本身更有意思的事。

在当前人工智能的热潮下,很多人见到我都说,你是不是在第一天就相信人工智能一定能改变世界?你们猜得准,踩中了这个点,占据了大优势。事情也许并不像大家想象得那么容易和辉煌。真实的情况是什么样子的呢?我小时候最深刻的印象就是我想做一个机器人,我甚至想象着长大以后,驾驶我的机器人去成为英雄。但是当在大学里学有所成走进社会的时候,我突然发现其实我能做的事情只有一点点,我的能力和我设定的梦想之间有那么遥远的距离。

当我 23 岁的时候,我和我的伙伴们刚要创建科大讯飞这家公司的时候，其实也没有想那么多。坦白来说，我当时对世界充满了好奇心，我也有自己的目标。犹记得我们创业之初，中国科学技术大学的学生很多都在准备出国，大家都认为国外的东西是高级的，国外的研究是高超的，国外的技术是厉害的，国外的公司是有钱的。正值于此，我的老师王仁华和我的师兄刘庆峰告诉我："在中国你可以把技术做成实用。"当时我就相信了，并且我去努力了，我感到很幸福。当时满足我的幸福感其实很简单，每个月能拿到 4 000 块的工资我就感到很满足了，为什么呢？因为那个时候 4 000 块可以买一台个人电脑。

所以公司成立之初的时光是很艰辛的。当时有个客户看中我们的软件，但觉得我们的软件稳定性不够，于是只给我们三天的时间修改，否则就不买我们的东西。于是我们在那三天拼了命地改善软件的稳定性，几乎到了废寝忘食的地步，最后我们将完成的结果交付给客户后，累得倒头就睡，睡了整整一天。度过那三天是艰难的，但幸福感也是满满的。我们真正从内心里觉得不仅仅因为兴趣、不仅仅因为钱才去做这件事情，而是希望能够从中找到我们内心中坚的信仰。

2015 年，我们在做"类人答题机器人"的项目研发，当时我们专门把日本做高考机器人的专家请到中国来。这个日本的专家来到中国后非常惊讶，回国后给日本政府写了一个报告，他说了三个"没想到"：没想到中国政府投入这么大的力量来研究人工智能；没想到中国有这么年轻的研究

小冰贴士

"类人答题机器人"是国家高技术研究发展计划（863 计划）"信息技术领域"基于大数据的人类智能关键技术与系统"项目的重要研究目标之一。

人员；没想到十几年前还在向日本取经学习的中国已经成为与日本并驾齐驱甚至超越日本的领先者。所以对我来说，这意味着我们从原来跟着别人屁股后面去学，到建立了自己的自信，到最后还能将这种自信传递给更多的年轻人，这个过程所带给我的远远比做成某一个具体的技术、项目和产品，有更大的幸福感。

在我和同事的沟通过程中，我最得意的一点是看到这些做产品的人，虽然很累很辛苦，但是他们的眼中洋溢着幸福的光芒。也许最终这个产品失败了，但他们的努力、他们的付出都会变成他们积累的财富，这个过程是真正幸福的来源。因为相信，所以幸福。

我希望这样的人越来越多，这样的人越多，我们的世界才会越美好。我坚信人工智能可以改变世界，用科技创新的力量引导我们新一代的年轻人，让每一个人都能够找到心中的目标和幸福感。我认为我们做这样的事情，是在做一个幸福的摆渡人。

遇见未来
THE FUTURE OF SCI-TECH

当一个身材微胖、不修边幅的年轻人告诉你："我能用意念控制你的行为。"大多数人都不会相信吧。

但是，当这个年轻人真的用"意念"帮助一位失去双臂 27 年的残疾人完成他提笔写字的心愿时，当他真的靠脑机接口技术造福各个领域时，所有人都被科技的力量感染了。

现在，就让我们在韩璧丞哥哥的带领下，进入"脑控万物"的世界吧！

用意念"改革"医疗和教育

——韩璧丞/脑机接口公司BrainCo创始人

● 从哈佛走出的福布斯精英 ●

在 2016 年的 CES 上,BrainCo 的第一款家用可穿戴脑控智能设备 Focus1 引起了业界的广泛关注,而这家发展迅速的初创公司却由一个年轻的 80 后掌管。

哈佛大学脑科学中心的博士韩璧丞,曾接受美国福布斯杂志专访,并荣登 2017 福布斯中国 30 位 30 岁以下精英榜。他连续多年担任哈佛中国论坛的顾问,并曾受邀担任 2017 年亚布力中国企业家论坛夏季高峰会演讲嘉宾。韩璧丞博士于 2015 年创办 BrainCo 和 Brain-Robotics 公司,并担任 CEO 至今。其中,BrainCo 公司是入选哈佛大学官方孵化器"哈佛创新实验室"的第一支华人团队,并被评为"哈佛创新实验室 VIP 团队"。

公司成立至今获得了多项荣誉,包括全球教育科技大会 ISTE 最佳创新奖,全球最大孵化器 MassChallenge 金奖,创新创业创投大赛一等奖,麻省理工风投俱乐部 VIP 团队等奖项。经过短短 3 年时间的发展,BrainCo 和 BrainRobotics 公司现已成为世界十大脑机接口公司之一。韩璧丞博士也与特斯拉的创始人伊隆·马斯克一同被评为脑机接口领域的五位创新者。

韩璧丞

　　早在哈佛读书的时候,韩璧丞就有了这样的想法:通过一个小小的头戴式脑电波检测设备,就可以实现脑控万物,改变人和世界互动的方式。于是,他和几个哈佛、麻省理工的小伙伴一道,在自家地下室开始创业。在韩璧丞的带领下,BrainCo 逐步汇集了众多来自美国哈佛大学和麻省理工学院的顶尖脑科学专家和软硬件工程师,公司的产品横跨多个领域。

　　我主要研究的是脑机接口技术。脑机接口技术是通过检测大脑活动来了解大脑功能,以及利用大脑活动控制外部设备的一项技术。其实早在 1924 年,科学家就在人类的大脑皮层探测到了生物电信号,而不同种类的脑电信号就和我们大脑的状态和各种想法相对应。我创立的 BrainCo 公司开发出了医疗级别的脑电监测头环,通过实时的记录佩戴者的脑电信号,让大家更了解自己大脑的活动,同时可以通过无线网络和蓝牙等通信技术连接外部装置,让人们用意念来控制设备,比如在家中脑控开门、开窗、控制无人机起飞等。这项技术不仅可以让普通人体验到意念控制这

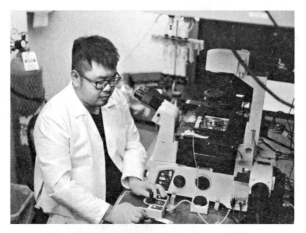
正在做实验的韩璧丞博士

种新奇的与身边万物互动的方式,还可以帮助很多有脑部疾病的患者进行治疗,包括多动症、抑郁症、自闭症、老年痴呆症等患者。

现在,各国政府都意识到了脑科学的重要性。2013年,欧盟和美国就分别启动了各自的脑计划。而中国也将脑计划列入了"十三五"规划。同时,特斯拉创始人伊隆·马斯克以及脸书的创始人马克·扎克伯格都在今年宣布成立了各自的脑机接口公司。随着脑科学相关研究的逐步深入和业界的努力,脑机接口技术将会逐步走入大家的生活,这项技术的普及将从多方面改变人们的生活。

我在攻读哈佛大学脑科学中心的博士生时,研究的主要方向是记忆和遗忘,我们研究神经最基础的交互模型,用各种生物工具:线虫、老鼠、果蝇来研究神经通路的机理,研究在多种刺激下大脑做出的选择。哈佛脑科学中心得到了美国脑计划和美国智慧组计划的资助,用于开发实用的

小冰贴士

人们尝试利用脑电信号实现脑-计算机接口(BCI),利用人对不同的感觉、运动或认知活动的脑电的不同,通过对脑电信号的有效的提取和分类达到某种控制目的。

脑科技产品。2013 年 4 月 2 日,美国总统奥巴马提出了这项脑计划,以探索人类大脑工作机制、绘制脑活动全图,针对目前无法治愈的大脑疾病开发新疗法。此外,项目将绘制人脑地图,并有可能带来人工智能领域的大突破。这些研究都将极大地带动经济的发展,并提升人类的认知水平。这项计划的意义可与人类基因组计划相媲美。作为脑计划最主要的执行机构,哈佛脑科学中心开展了许多重大项目。作为该中心的博士学生,我有幸接触到了大量科研成果,也受到了很大的启发。

2014 年 9 月开始,我沉浸在脑电算法和应用的研究上,于 2015 年初注册了 BrainCo 公司。BrainCo,顾名思义,既是 Corporation(公司),也是 Control(控制),公司旨在研究与脑控有关的各项技术,创造并实现一种全新的人机交互方式。

我了解到脑电技术在医疗领域已经较为成熟,但医用脑电设备往往体积大、使用流程复杂、佩戴麻烦、难以携带而且十分不美观。为了让脑电技术更好地服务于普通人的生活,我从哈佛大学和麻省理工学院招募了一批优秀的工程师。经过 3 年的研究,我们终于开发出了头环形状的脑电监测装置——Focus 1。一方面,Focus 1 头环对脑电信号的读取达到了医疗级别的精度,同时易于佩戴,外形简约大方,并且重量不到 90 克,长时间佩戴也不会有不适感。另一方面, 我们基于美国航空航天局的脑电 - 注意力算法进行了大量实验和改进,

头带Focus 1的实验者

使得 Focus 1 能够实时准确地检测用户的注意力水平。

重塑课堂教育

　　首先,我们想到的是教育问题,我也经历过中考和高考,我觉得我学习的时间非常长。早上 6 点起来,要学习到晚上 11 点,这不是一个正常人能经历的状态。但是这样长久的学习真的有效果吗? 并不是,因为很多时候我们并没有养成良好的用脑习惯,所以我们多年潜心研究这个问题,让学生有更多的时间去玩,去享受科学的乐趣,去享受创新。

　　Focus 教育版是世界上第一款用于提高学生课堂学习效率的实时注意力检测系统。Focus 教育版系统通过 Focus 1 头环测量学生上课过程中的实时注意力数值,并将数值显示在实时课堂注意力反馈的检测终端界面。可以想象一下,老师上课时可以在眼前的屏幕上直观地看到每个学生的注意力情况,这样,老师就能知道自己的教学方式能否吸引学生的注意

头环课堂应用

上课时,老师可以实时监测到每一位学生的注意力变化。

力,从而调整教学方法和内容,以提升学生课堂的注意力水平和学习效率。而在课后,学生可以通过查阅课堂注意力报告来了解自己的课堂学习状况,教务人员也可以通过汇总报告来科学地评估老师的教学水平。

中国教育市场长期以来面临的问题在于学生上课时注意力不足,学习效率低下。与此同时,老师得不到系统的教学反馈,无法得知怎样的教学方式能激发学生的课堂参与度和积极性。目前我国中小学在校学生共有 1.64 亿人,其中 80% 的学生存在注意力缺陷的情况,导致学生在校时学习效率不高。而家长往往会通过聘请私人教师或为孩子报课外补习班等方式来弥补课堂效率低下的问题。

2013 年,中国的课外辅导市场规模已经达到惊人的 6 500 亿元人民币,城市家庭平均教育支出高达经济总收入的 30.1%。家长对学生课外辅导的巨大投入,暴露出现有教学体系的缺陷。然而对课外辅导的投入不仅会加重家庭的经济负担,同时也增加了学生额外的压力,所以提高课堂学习效率才是提高成绩最好的方式。研究表明,课堂上提高 1% 的注意力,学生的阅读和数学成绩可以分别提高 6% 和 8%。我和我的团队有信心用这款产品颠覆现有的科技教辅产品市场,在中国掀起一场教育改革。

现在,中国学生面临着巨大的升学压力。在未来,我们希望可以在脑控头环中加入情绪识别等更高级的辅助功能,实时给老师和家长反馈,从各方面及时了解学生的心理健康状况,更好地帮助学生享受学习。

让医疗"边缘化"

除此之外,我们也一直在积极地寻求机会,用脑机接口技术帮助社会中的弱势群体,改善他们的生活。目前,BrainCo 的工程师团队正在开发一款针对多动症患儿的头环 Lucy。我们对多动症儿童进行注意力训练的原理取自神经反馈训练的演算法,这种演算法给予高注意力状态一定的激励,从而训练与高注意力相关的脑电波频率,提高用户专注力和工作效率,充分开发大脑潜能。

全球范围内有超过 11% 的学龄儿童被确诊患有注意缺陷多动障碍,且确诊率有逐年上升的趋势。从 2003 年到 2011 年,注意缺陷多动障碍的确诊率提高了 42%,平均每年上涨 5%。目前的治疗方式为药物治疗,这种治疗方式要求患者长期服用含有兴奋剂的处方药。然而一旦停止用药,症状便会复发。与此同时,药物治疗会产生食欲不振、情绪不稳定、焦虑等诸多副作用。因此,药物并非治疗此类疾病的最佳方式。

另一种注意缺陷多动障碍的治疗方式为传统的神经反馈训练。这类训练没有药物治疗的副作用,但需在医院或专业门诊内,通过操作复杂的医疗器械辅助完成。自 20 世纪 70 年代被发明以来,神经反馈训练技术就为美国的社会精英所青睐。宇航员、奥林匹克运动员、F1 方程式赛车手和顶级企业家等需高度用脑的工作者,都用它来不断开发自己的大脑,从而提高学习和工作效率。然而一直以来,人们只能在专门的医疗机构,在一些大型的精密医疗仪器的监控下,才能了解并挖掘自己的脑控能力。而且

小冰贴士

注意缺陷多动障碍(ADHD),在我国称为多动症,是儿童期常见的一类心理障碍。表现为与年龄和发育水平不相称的注意力不集中和注意时间短暂、活动过度和冲动,常伴有学习困难、品行障碍和适应不良。

用于多动症治疗的神经反馈训练,除了过程烦琐之外,也花费不菲,平均每一节训练课需要 200 美元。为了达到预期效果,患者需要接受 20～40 个课时的训练,总花费高达 4 000 到 8 000 美元。

用户只需使用Lucy头环,就能在家进行多种有趣的神经反馈训练,体验脑控一切的乐趣,让多动症儿童开开心心地进行治疗。

相比之下,Lucy 头环在保持医疗级别的仪器精度的同时,做到了便携化、家用化,还配备了多样有趣的神经反馈训练算法。例如认知训练游戏,就是一种非常有趣的神经反馈训练。当用户在玩我们的脑控游戏的时候,当脑电波规律地维持在注意力集中状态时,可在游戏中激活高得分点,从而提高在游戏中得高分的概率。比如,用户带着头环在手机界面上玩一个钓鱼的游戏,钓的鱼越多,在游戏中得的分数就越高。在游戏中,用户注意力越集中时,池塘里出现的鱼的数量就会越多,从而让用户可以钓上更多的鱼,在游戏中得到高分。除此之外,我们配备的神经反馈训练方式还体现在对智能家电的控制上。比如对家中门窗的开关以及灯的颜色的控制,我们将家中灯的颜色和注意力的数值进行了对应,蓝色是初始色,代表放松时的状态;红色则代表了注意力集中的状态。我们曾经找了很多人进行试验,有的人注意力始终在 30 左右徘徊,灯的颜色也为对应的蓝紫色。而有的人注意力可以达到 90 多,灯的颜色可以变红。另外,有些人可以实现从蓝色到红色的迅速转换,这证明该用户

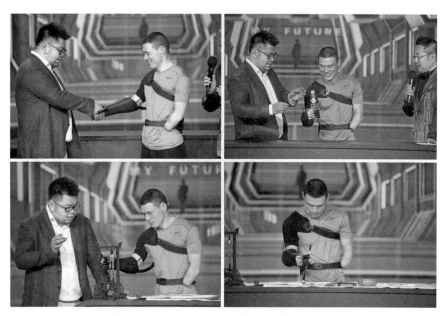

残疾人运动员倪敏成试戴BrainRobotics假肢。这是这款产品第一次走出实验室，与真实的残障人士接触。

非常容易集中注意力，有些人则无论如何努力也始终停留在蓝色或者紫红（中间阶段的渐变颜色）。这类用户难以集中注意力，需要多加训练以提升专注度。

　　大家在《我是未来》节目中看到的"脑控光剑"也基于类似的原理。通过长期复杂的神经反馈训练巩固，用户大脑中与注意力相关的脑电波规律会在大脑形成习惯，以便于今后学习工作时更好更快地集中注意力。就像一个健身爱好者训练自己肌肉的过程，大脑也可以通过锻炼，不断提高自身的功能。

　　在开发脑电设备的同时，我们机器人团队 BrainRobotics 正在开发残疾人使用的智能假肢。而这个项目源于我们团队一年以前的经历。2016年

1月，我们去拉斯维加斯参加世界电子消费品展的时候遇到了一个残疾人，当时他带着一个智能假肢在我们的展台前看了很久，当他看到我们用大脑控制机械假肢的展示后非常兴奋。他告诉我们，他现在使用的智能假肢花费高达7万美金，询问我们能否给残疾人开发一款便宜的假肢，我们答应了。

随后我们成立了一个公益项目，叫BrainRobotics。BrainRobotics是马萨诸塞州政府支持的项目，目的是为残障人士提供高性能、低价格的智能肌电控制假肢。BrainRobotics的假肢可以帮助残疾人通过手臂的肌电信号控制自己的假肢和手指灵活运动。残疾人通过短期训练就可以学会用假肢完成正常人的大部分手部活动，大大方便了他们的日常生活。前不久，我们帮助一名失去了双臂27年的运动员完成了他的心愿，在短短5分钟的训练后，他就能用我们的智能假肢握手、喝水以及写毛笔字，此场景也使我受到了很大的震撼。这更加坚定了我要用高科技帮助普通人和弱势群体的创业初衷。

科学家？创业者？

我不是一个纯粹的创业者，我更希望被称为一个科学家。2015年，我看了4 000多篇论文，平均每天10篇，我每天早上6点钟起床阅读论文，雷打不动。我做了70多个原型机和结构设计，前后有50多个哈佛的学生和30多个麻省理工的学生，以及数位教授在我的公司参与研发和实验。我认为，如果想要颠覆一个产业，首先要占领这个领域科研上的制高点。我们以哈佛博士的科研水准要求公司的每一个员工进行产品开发，我喜欢和团队一起挑战权威，挑战科学的极限。

公司刚开始的时候没有资金，我就用自己以前工作赚的钱来做最初的研发。不过我有很大的信心可以将这个公司做起来。那时候我们住在一个地下室的小屋子里，房间不透气，我们就拿电风扇向过道吹。大家一起买了几个床垫，白天立起来，晚上放下去当床睡觉。那时候我们没日没夜地工作，看了很多文章，做了很多实验，最开始的测试都是在自己身上进行的。可我们不觉得辛苦，只觉得这个技术有前景，也有意义。当我们看到很多当初的设想在这个小屋子里一点一点被实现，那是我们最快乐的时候。

后来我们的队伍持续扩大，团队里能人辈出，包括得红点奖的设计师、美国宇航局的工作人员、哈佛的科学家、麻省理工学院的极客等。将这

韩璧丞的科学团队

些有能力、有思想的人变成一个能打仗的团队难度很大,我们需要在鼓励每一个人最大程度发挥能力的同时,照顾、规划每个人的发展。为此我们举行了很多的内部比赛,让大家相互学习,然后一起讨论产品。我们公司的理念是最好的团队建设是一起打胜仗。我们每一个成员加入的第一天就开始参与终端产品开发,所以我们一直以很高的要求打造一个又一个产品。在不断的磨合中,大家寻找到了一种难得的默契,也正是这种默契使我们得以做出一个又一个优秀的产品。

科学是至善至美

2015 年,在哈佛大学的毕业典礼上,校长德鲁福斯特对大家说了这样一句话:"在这个利己主义的时代里,我们不要忘记对他人的责任和依赖。"为什么说这是一个利己主义的时代?我想起有一次在科学中心,我们花了很长时间,终于开发出了一套算法,这个算法可以让我们对大脑意识解读的速度和准确度提高 5 倍。当时所有人都非常兴奋,坐在一起讨论能拿它做什么? 有人说他喜欢听音乐,但讨厌切歌,希望这个算法能够实时读懂大脑的状态,根据情绪推送音乐;有人说他非常懒,不喜欢早上起来做饭,希望它能够识别大脑的饥饿,然后让厨房把早餐做出来……

这时,教授把我们领到哈佛附属医院麻省总院,给我们看了他和两个渐冻症病人进行的实验。这两个病人四肢不能动,也不能说话,他们和外界的交流是封闭的。但是,他们大脑的大部分信息是完整的,也可以像正常人一样思考。教授曾经花 2 年时间给他们做训练,让他们戴上装置,教他们非常简单的对外表达的"话语",比如我饿了、我渴了、我想见我的女儿等。这个训练的时间非常长，于是我们就开始一起做这个项目。我们通过脑机接口技术去检测一位病人在学习过程当中的情绪变化，跟踪他的大脑去学习新语句。我还记得当时我教他们表达"我想喝水"这句话，只用了三天时间他们就掌握了。当发现那位病人表达出"我想喝水"这四个字的时候，我们在他的大脑中看到了非常强烈的喜悦值，这种喜悦值是我们在正常人的大脑中都看不到的。

我想，对大多数人来说，"我想喝水""我想把空调打开""我想见我的女儿"等表达都是一种与生俱来的本领，你可能不会认为这是一种恩赐。但对于渐冻症患者来说，这就是他们对接世界的唯一出口。

这个项目震撼到了我。现在很多人强调：科技让生活变得更美好，但是大多是让那些生活已经很美好的人生活得更加美好。当科学家和创业者有力量去分配科技走向的时候，我希望每一个人都能意识到这个问题，去关注那些迫切需要帮助的人。

遇见未来
THE FUTURE OF SCI-TECH

癌症是人类健康的最大杀手，人类
与癌症一直在进行着激烈的交锋，
想知道这场旷日持久的战役会是谁
胜利吗？
有着"癌症克星"之称的俞德超博士
手握生物制药这一技术，正在"抗
癌"前线冲锋呢，一起战斗吧！

不惧癌症，让老百姓用得起高端药

——俞德超/信达生物制药(苏州)有限公司创始人

● 癌症克星——生物制药引领者 ●

他是中国唯一发明并成功开发上市两个国家一类新药的科学家；

他发明了全球首个溶瘤免疫治疗类抗肿瘤新药"安柯瑞"，开创了人类利用病毒治疗肿瘤的先河；

他发明和领导开发了中国第一个具有全球知识产权的单克隆抗体新药"康柏西普"，彻底结束了我国眼底病致盲患者无药可治的历史……

俞德超

他就是癌症克星，生物制药引领者——俞德超。

俞德超是中国科学院分子遗传学博士，美国加州大学博士后，中共中央组织部"千人计划"国家特聘专家。2013年当选"国家生命科学领域最具影响力的海归人才"，2017 年获评"国家年度科技创新人物"。

2011 年，俞德超博士创办信达生物制药（苏州）有限公司（简称信达生物）。创办 6 年多以来，信达生物迅速成长为中国创新药领域的"独角兽"企业，掌握世界领先技术，深谙国际市场规则，打造了具有国际竞争力的自主创新产品，在国际生物制药领域打响了"中国创新"品牌。

俞德超博士正带领着信达生物一步步走向国际，同时，他也正在努力让生命科学惠及大众，不仅让肿瘤患者有高端生物药可用，而且还要使昂贵的高端生物药平民化，让普通老百姓也用得起。

人与疾病的斗争贯穿着整个人类历史。癌症，无疑是当今人类最渴望攻克的医学难题。癌症是什么？人类与癌症经历了怎样的斗争？抗癌药如何抗击癌症？免疫治疗革命性的突破是什么？这些认知的每一个进步，都浸透着科学家、医生和患者的努力和勇气。

癌症是如何形成的

人为什么会得癌症？这是一个非常复杂的问题，我们不妨化繁为简，从两个维度来理解癌症发生的过程。

首先，我们从第一个维度——"微观"层面来看，如果我们可以把人体的微观世界无限放大，直到可以看到细胞运动和基因，那么我们就可以清晰地找到癌症发生的最根本原因，那就是基因突变。

每个人体内大约有 2 万多个基因，现阶段已知与癌症有直接关系的大约有 100 个。每时每刻，人的生命都伴随着大量的细胞分裂和更新，每一次细胞分裂都会产生基因突变，但绝大多数突变都不在发生癌症的关键基因上，所以并不是每个人都会患上癌症。但如果突变发生在一个或者几个关键的致癌基因上时，癌症发生的概率就会大大增加。

我们要看的第二个维度是"过程"，人体是一个极其复杂又极其精密的平衡体，一方面有癌细胞的蠢蠢欲动，另一方面也有免疫细胞的严防死守。癌症的发生是癌细胞和免疫细胞十几年甚至几十年斗争的结果。我们可以把"斗争过程"分为三个阶段：第一阶段是免疫清除，在这个阶段，免疫系统非常强势，癌细胞出来一个就消灭一个；第二阶段是免疫平衡，癌细胞不断地涌现出来，免疫系统不停地追杀，但已无法根除；第三阶段是免疫逃逸，在癌细胞的迷惑和狂轰滥炸下，免疫系统彻底败下阵来，免疫失效，癌细胞逃脱监督、抱团发展，这时，人们常规理解中的癌症便形成了。

抗癌药的三次革命

自从癌症成为人类健康的杀手，人类就与癌症展开了激烈的交锋。现在，说起治疗癌症，人们通常都会想到手术、化疗、放疗等手段。手术是切除癌症组织，化疗是使用具有抗癌功效的化学药物进行的癌症治疗手段，放疗是直接利用高能量射线，也叫辐射或高能量粒子打击杀死癌细胞的治疗手段。

小冰贴士

免疫系统（immune system）是机体执行免疫应答及免疫功能的重要系统。由免疫器官、免疫细胞和免疫分子组成。免疫系统具有识别和排除抗原性异物、与机体其他系统相互协调，共同维持机体内环境稳定和生理平衡的功能。

　　在临床上，治疗癌症通常会采用多种治疗手段打"组合拳"，其中，抗癌药物发挥着重要作用。纵观人类对抗癌症的进程，抗癌药物经历了化疗药物、靶向药物、免疫治疗药物三次革命。

　　第一次革命是 1940 年后开始出现的细胞毒性化疗药物，现在绝大多数临床使用的化疗药物都属于这一类。它们的作用就是杀死快速分裂的细胞，但它和放疗一样，有个"死穴"，那就是"敌友不分"。它们会在杀死癌细胞的同时杀死正常细胞，尤其是生长较快的正常人体细胞，这也是化疗患者会出现脱发等现象的原因。

　　第二次革命是从 20 世纪 90 年代开始研究，到 2000 年后在临床上开始使用的"靶向治疗"药物。通俗来说，就是科学家们在癌症治疗药物上安装了导航系统，为药物领路杀向癌细胞。这些药物可以做到"只杀敌人，不伤友人"，较之前的化疗药物治疗效果更好。目前，药厂研发的多数新药都是靶向治疗药物。

　　第三次革命就是近年来在临床上获得成功的免疫疗法，这也是人类抗癌史上最重要的一次革命。因为免疫疗法不仅革命性地改变了癌症治疗的效果，而且革命性地改变了癌症治疗的理念。与化疗药物、靶向药物相比，免疫疗法针对的是免疫细胞，而不是癌症细胞，它的目标是激活人体自身的免疫系统来治疗癌症。免疫疗法非但不损伤免疫系统，而且还能增强免疫系统，免疫系统被激活后可以治疗多种癌症，因此对不同种类的癌症患者均有效，免疫系统的强大可以抑制癌细胞进化出抗药性，降低癌症复发率。

什么是癌细胞？

与癌细胞斗智斗勇的单克隆抗体药

在人类与癌症斗争的进程中，一代又一代科学家们为了创造出更有效的抗癌药物前赴后继、艰苦卓绝，但奇妙的是，大自然其实早就赋予了人类与癌症抗衡最强大的"武器"——人体自身的免疫系统。科学家们已证实，人类免疫系统的抗癌能力比任何药物都要强大得多。但为什么还是有那么多人患上癌症呢？为什么单克隆抗体药能治疗甚至治愈癌症呢？这又得从人的免疫系统说起。

众所周知，免疫系统是人体的卫士，存在激活和抑制两种机制。当细菌和病毒侵袭人体时，免疫系统被激活，帮助人体清除细菌、病毒，但这并不意味着免疫系统越活跃越好，它也需要激活和抑制机制的平衡，因为过分活跃的免疫系统会导致免疫细胞错误攻击不该攻击的人体正常细胞，使人患上红斑狼疮等疾病。所以，如果把激活和抑制看成是免疫系统的油门和刹车，免疫系统最好的状态其实就和开车一样"该踩油门时踩油门，该踩刹车时踩刹车"。

PD-1单克隆抗体是免疫治疗药物"免疫检验点抑制剂"的一种。在了解这个药之前，我们先要了解"免疫检验点"和"免疫检验点抑制剂"两个概念。

免疫检验点是人体内一个非常重要的临界点。在这个临界点上，激活机制和抑制机制进行着较量，当激活机制占了上风，那么人体的免疫反应就被激活，开始清除身体内的细菌、病毒或者变异细胞，以维持正常的机体健康。但如果抑制机制占了上风，免疫反应就不会被激活。癌细胞非常

"聪明"，为了躲避被免疫系统清除的命运，就在"免疫检验点"这个临界点上使劲"踩刹车"，高度抑制免疫反应，让免疫系统不启动、不作为。

免疫检验点抑制剂就是专门让癌症细胞"松开刹车"的一类新型抗癌药物。癌细胞"踩住刹车"的时候，免疫细胞就好像被一个满面笑容的坏人掐住了脖子，既被迷惑又动弹不得。而免疫检验点抑制剂就是驾着七彩祥云的大英雄，它会狠狠一把掐住癌细胞的脖子，让癌细胞放开掐着免疫细胞脖子的手。此时，认清癌细胞真相并"满血复活"的免疫细胞就会迅猛发威，毫不留情地扑杀癌细胞，癌症就这样被控制和治愈了。

最前沿的抗癌新药创造奇迹

免疫治疗是当前世界上最先进的癌症治疗手段。2013 年，"免疫治疗"被各大顶级学术杂志评为最佳年度科学突破。信达生物正在开发的抗癌创新药，名为 PD-1 单克隆抗体，是免疫治疗中最前沿的药物，PD-1 单克隆抗体虽然是抗癌药家族中最年轻的"新秀"，但在临床上却已展示了前所未有的显著疗效。

卡特总统的癌细胞不见了

2015 年 8 月 20 日，在美国佐治亚州亚特兰大的卡特中心召开的新闻

小冰贴士

免疫治疗是指通过免疫系统达到对抗癌症目的的治疗方式，也是生物治疗的一种。识别和杀死异常细胞是免疫系统的天然属性，但是癌症细胞经常有逃避免疫系统的能力。

发布会上,91 岁高龄的美国前总统吉米·卡特宣布自己已确诊罹患晚期黑色素瘤,脑中的 4 个瘤块约 2 毫米大小。发布消息的卡特总统显得乐观从容, 他说:"我想我应该只有几周的存活时间了, 但是我现在出奇的放松,准备迎接新的探险!"但等待卡特总统的不是"新的探险",而是生命奇迹。在接受 PD-1 抗体治疗仅 4 个多月后,2015 年 12 月 6 日,卡特发表声明:"我最近的 MRI 扫描显示,已经看不到任何癌细胞。"

李可儿要结婚了

26 岁的李可儿,是一位漂亮的山东姑娘。2013 年被确诊为霍奇金淋巴瘤结节硬化四期。经过化疗、放疗、自体骨髓移植后,2016 年康复出院。但仅仅 8 个月后,李可儿癌症全面复发。当时,主治医生判断她的生命最多还有半年时间。值得庆幸的是,她在北京参加了 PD-1 单克隆抗体临床试验治疗,并于 2017 年 4 月 29 日首次用药。两次用药后,李可儿于 2017 年 5 月 21 日参加临床试验检查,检查结果显示,李可儿体内已无癌细胞,她的癌症痊愈了。现在,李可儿正在筹备自己的婚礼,是一位幸福的准新娘。她说:"如果可以,希望所有的病友都能借助这样神奇的药重获新生。"

马丽重返大学课堂

马丽是一位结节硬化型霍奇金淋巴瘤患者,接受化疗、放疗、自体移植后再次复发,参加新型生物药临床试验治疗后,病情得到极大缓解。现在,马丽还在参加临床试验治疗,治疗期间,只需间隔 21 天输一次液,与放疗、化疗等截然不同的治疗方式,让这个爱笑的女孩更加坚强乐观。现在,她已经回到阔别 2 年多的学校,继续多彩的大学生活。

手术无望的肝癌、肺癌患者恢复正常生活

在信达生物进行的临床试验中, 一些无法接受手术治疗的患者通过

PD-1 抗体治疗取得了很好的疗效。其中有两个典型病例，一位是肝癌患者，第一次治疗中，医生通过手术切除了他的一半肝脏。但一年后，肝癌复发，患者留存的半个肝脏中出现弥漫性肝癌病灶，在无法手术的情况下，患者接受了 PD-1 抗体临床试验治疗，注射一针后，病灶消失，患者恢复正常生活。

另一个病例是一位 82 岁的肺癌患者，发现病情时，肺部已有几个较大的肺癌肿瘤，因患者年事已高，身体条件较差，无法接受手术治疗，在接受信达生物 PD-1 抗体临床试验治疗后，患者肺癌病灶快速缩小，目前患者还在继续接受治疗，已实现与癌症"和平共处"，带瘤高质量地生活。

生物药是各国争相抢占的战略制高点

PD-1 单克隆抗体是一种生物药，生物药有一个非常专业的名词解释：所谓生物药，是指运用微生物学、生物学、医学、生物化学等研究成果，运用生物体、生物组织、细胞、体液等，综合利用基因工程和分子生物学等科学的原理和方法制造的一类用于预防和治疗的生物制品。

对于生物药这个比较专业的概念，我们也可以通过简单的对比来帮助理解。化学药是小分子药，生物药是大分子药，如果说化学药的生产相当于造自行车，那生物药的生产就相当于造飞机，研发生物药中的单克隆抗体类药物，就是制造飞机中的战斗机。

生物药汇聚了人类生命科学的最新科研成果，事关一个国家的创新能力、产业发展，同时又与每个人的健康息息相关。因此，生物药是各国争相抢占的战略发展制高点。对于有着近 14 亿人口的中国来说，生物药战略意义的重要性不言而喻，但由于综合创新能力的差距，中国的生物药发展与国际先进水平还有着不小的差距。据最新统计数据显示，2016 年全球最畅销的 10 种药中，8 种是生物药；销售最好的 100 种药里，有 57 种是生物药。然而在中国，销售额前 10 位的药物中，没有一个是生物药。美国雅培公司的修美乐，是全球卖得最好的生物药，预计 2017 年销售额可达 180 亿美元，这一种药一年的利润相当于中国一年所有药的利润总和。

未来的生物药，是老百姓用得起的普通药

单克隆抗体类药物作为目前国际最先进的癌症治疗药物，疗效显著，但价格昂贵。以治疗肺癌的单抗生物药为例，在美国一位患者的年治疗费用是 20 万美金，约合人民币 140 万元。

当有人问我为什么选择创业的时候，我一直告诉大家"开发出老百姓用得起的高质量生物药，是我回国创业的目标"。就像我一直说的那样，我们的创新药上市后，我希望中国的癌症患者不仅有国产生物药可用，而且还能用美国患者几分之一的治疗费用达到相同的治疗效果。

这是信达生物的发展目标，也是我本人的创业动力。1964 年，我出生在浙江省天台县的一个偏僻山村，在中科院完成博士学业后，我来到美国加州大学从事药物化学专业博士后研究。之后首次成功地在贾第虫中建立起基因表达系统，在美国学术界引发关注，并因此收到哈佛大学的任教邀请。当时美国制药行业正处于从小分子化学药到大分子生物药的历史转折期，生物药研发方兴未艾，为了在这个领域学以致用，我只好婉拒了

哈佛大学的邀请，转而选择在生物制药公司搞研发。事实证明，我的选择并没有错，在美国生物制药公司担任多年高管的经历，让我积累了丰富的研发经验，取得了一些业界较为认可的研发成果。这离我一直以来的目标——振兴中国生物制药产业，开发出中国老百姓用得起的高质量生物药，又近了一步。2006 年 1 月，我终于回到了祖国，开始了创业之路。

我想，我们每一个人都有这样一个共同的愿望，那就是人类某一天将不再有绝症。事实上，随着科学技术的进步，过去很多无法治愈的疾病，今天都有了相应的药物和治疗方法。众所周知，我们国家"十二五""十三五"有一个顶层设计，生物医药就是我国的重大发展战略之一。现在，国家食品药品监督管理总局正进行着大刀阔斧的改革，推动中国创新药物和国际全面接轨。我是中国众多科学家中的一员，我相信经过我们的不懈努力，今天不能治的病，以后都会有办法。现在，我和我的同事都在非常努力地开发老百姓都能用得起的生物药，这是我们的小目标、小确幸。但是我最大的理想，是希望大家永远都不会用到我们开发的药物，我想这是我们做药人最大的情怀。

所以，我想跟大家约法三章。第一，我希望每一位特别是年轻人，不要熬夜、早睡早起，因为我们的免疫系统与睡眠密切相关。大家可能知道我们人体内每天都会有很多因为基因突变而产生的异化了的细胞，这个细胞在体内堆积以后会发生什么大家都很清楚。在正常情况下，我们的免疫系统会把这些异化的细胞清除掉，但假如我们一直不好好睡觉，或者睡眠质量不好，我们的免疫力就会下降，清除自己病变细胞的能力就会减弱。

2017 年有三位美国科学家共同获得了诺贝尔医学奖，他们的科研成果可以概括为四个字——不要熬夜。而英国医学科学院也有一个研究发现，很大比例的肿瘤病人早年是有熬夜习惯的。所以，我给大家的第一个建议，每晚应该在午夜十二点之前睡觉，每周在午夜十二点之前的睡眠时间加起来不少于 10 个小时。这是第一个约定。

第二个约定，我们不能吃得太多。有人说，人的一生唯美食和爱不能辜负，很浪漫。但是理性的科学告诉我们，人体内肿瘤细胞的发生是跟基因密切相关的，基因突变又是由于我们的环境和生活习惯引起的，其中很重要的一个影响因素，就是我们的饮食。大家都知道，成年人每天所需的食物差不多要 2 000 卡路里，一旦吃了你不应该吃的东西，或者吃了超出身体所需的东西，对身体来说都是很大的负担。慢慢地，很多多余的东西就会在体内堆积，导致长胖。其实，长胖是产生肿瘤最大的原因，还有可能导致很多慢性病。所以，第二个约定是少吃，吃八分饱就行了。

第三个约定，我们要多运动。有一个持续了 11 年的研究，研究了 144 万人。得出一个结论是多运动的人的患肿瘤的概率比不运动的人要低很多。那你肯定很好奇，为什么运动可以降低肿瘤的发生率？比如说体内的性激素水平，女性的雌性激素水平直接和运动相关，运动后雌性激素水平

小冰贴士

从全球制药研发的整体趋势来看，生物药占比逐年增长，并集中在抗肿瘤药物的研发。很多制药公司近年来纷纷开始布局生物药研发管线，研发投入已经初见成效。生物药领域发展势头迅猛，2017 年获批上市的生物药数量有望再创历史新高。我国制药公司研发投入总量虽增长迅速，但仍与国际水平相差较远。目前生物药初创公司如雨后春笋，已逐渐成为引领创新的不可小觑的生力军，有望推动我国在未来跻身世界制药强国。届时，这些生物药将惠及更多中国患者，尤其是肿瘤患者！

就会降低,将会避免很多肿瘤的发生。又比如,我们运动可以降低很多炎症因子的产生,炎症反应是一个公认的致癌因素,所以生命在于运动。那么,我们每天应该有多少运动量呢?一周 7 天,你应该运动 5 天,加起来的时间不少于 150 分钟,相当于每天走路 6 000 步。现在很多人在办公室一坐就是几小时,这样很不好。所以,半小时、一小时起来动一动是非常有必要的。

以上便是我想跟大家约法三章的全部内容,我希望大家能如约履行。兢兢业业工作、健健康康生活,即使避免不了疾病,相信生命科学的力量,会让你的未来永远充满阳光。

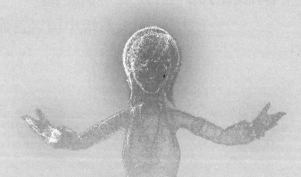

遇见未来
THE FUTURE OF SCI-TECH

当机器人不再是玩偶，而变成比人类还要厉害的工业小助手时，你们会担心机器人取代人类吗？库卡系统中国区首席执行官王江兵认为不会。

"这是一个人机共舞的时代,机器是我们的朋友和伙伴，朋友在你的地盘应该是你做主。"准备好迎接你们的机器人朋友了吗？

精准的德国工业机械臂

——王江兵/库卡系统中国区首席执行官

• 机械臂掌门人 •

作为全球工业机器人四大家族之一的库卡是世界领先的工业机器人制造商，是德国工业自动化的基石，堪称德国的国宝级企业。库卡机器人与库卡系统正在世界各地、各行各业处各种复杂的任务：

王江兵

焊接汽车零件；拧紧洗碗机的螺丝；为电子产品测试部件；在医院处理 X 光片，或放置射线治疗患者；在危险的环境中分拣核废料等。在这些过程中，工业机械臂是核心力量。

库卡在中国有四大业务板块，分别为库卡机器人、库卡系统、库卡工业以及瑞仕格。其中库卡机器人的主要业务是工业机器人，而库卡系统则为整车厂以及航空航天企业提供自动化生产解决方案。也就是说，客户只需提供一个空的厂房，库卡系统负责将这个厂房变成一个让客户满意的真正意义上的工厂。

王江兵，库卡系统中国区首席执行官，世界领先工业机器人制造商中国区掌门人，引领中国制造业接轨工业4.0时代。其自身丰富的多元文化工作背景，使得王江兵顺利地将国际化思维和本土化工作完美结合。王江兵从德国回来之后，就一直在工业企业工作，他亲身经历了中国工业科技近30年的发展。

库卡创始于1898年，初始业务是生产街道及住房照明用具。在成立的第7年，公司将业务扩展到天然气生产，并引进了新的焊接技术：气体熔接焊接。从这一时间点开始，库卡持续引领全球焊接技术及其重要革新。1956年，它建成了第一个冰箱和洗衣机自动化焊接系统。到了1971年，库卡成功为戴姆勒－奔驰建成了欧洲首条配备机器人的焊接传输线。这条生产线显著提高了戴姆勒－奔驰的生产效率，同时大大降低了生产成本。但是这些生产线上机器人的稳定性和可靠性并不理想。要知道在汽车制造业，任何一次停机都会给汽车厂商带来无法预估的损失。已经积累了很多经验的库卡看到了机会，于是它做出了重大决定——开发属于自己的工业机器人。

 小冰贴士

拥有六轴机械臂的库卡机器人可用于物料搬运、加工、堆垛、点焊和弧焊，涉及自动化、金属加工、食品和塑料等行业。

1973 年，库卡开始书写自己的机器人历史：制造了工业机器人FAMULUS。与当时的其他机器人所不同的是，FAMULUS 是世界上第一台具有 6 个机电驱动轴的工业机器人！

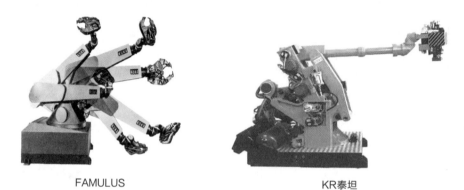

FAMULUS   KR泰坦

库卡并未因此止步，它一直在引领机器人技术的新时代：1996 年，库卡成为第一个引入开放式 PC 控制器的机器人制造商；2007 年，KR 泰坦系列上市，其有效载荷达 1 000 千克，工作范围达 3.2 米，是目前世界上最大、最强的六轴工业机器人，并入选"吉尼斯纪录"；2013 年，库卡宣布推出新一代机器人：KUKA LBR iiwa，它开创了库卡人机协作机器人的新时代。

六轴机械臂——AGILUS

先来说说 KR 泰坦系列，AGILUS 是 KUKA 按照最高工作速度设计的紧凑式六臂机器人，它灵活性高、工作范围广、安装位置多样，可以在不同的环境下进行精准和快速的工作。AGILUS 可以被安装在地面、天花板甚至是墙壁上，其内置的拖链系统和 KR C4 compact 控制系统可以让它在最小空间内实现最高的精度。

机械臂有很多优点。第一，效率高。一台特斯拉汽车可能需要十几个人花费 1 个月的时间组装，但机械臂只需要 5 天而已，而且他们是"不知疲惫"的，因此效率非常高。第二，超精准。机械臂的精准度比人类高得多，所以制造过程中出现的失误会少很多。第三，减少人员伤害。在汽车制造领域，人类容易受到体力的局限性，还有受伤的可能性，但机械臂就像一个超级英雄——钢铁侠，在工厂中保护着人类。

小冰贴士

现在，库卡六轴机械臂的技术已经非常成熟，在现实中的应用也非常普遍。六轴机械臂的技术核心在于"轴"上。我们可以想象，轴是一个支撑点，以其为支撑点，让机械臂做出运动。理论上，一轴运动最快，精度最高，但若想做出比较复杂的动作，比如捡起地上的鸡蛋，就需要 3~4 个轴了。但是轴越多，成本就越高，精度就越低。所以综合考虑，现在大部分机械臂都使用六轴。

库卡 aglius 应用

七轴机械臂——LBR iiwa

LBR iiwa 是库卡推出的灵敏型协作机器人，具备未来的信息物理生产方式所需的感知能力。其内置的传感系统可以使机器人完成需要极高灵敏性的装配任务，如宝马工厂的差速齿轮组装。组装不同的齿轮是一件对偏差要求极高的工作，齿轮必须小心地与另一个齿轮部分啮合，轻微的损坏都有可能造成极大的影响。因为齿轮十分笨重，所以对于人类来说是这一个极大的挑战。将 LBR iiwa 集成到这一生产流程中后，这一项生产任务变得十分轻松，LBR iiwa 可以帮助工人拎起笨重的齿轮，轻松地组装。当工人和机器人意外接触到时，该机器人会降低速度至不会导致伤害的程度。"LBR"代表"Leichtbauroboter"，德语意思为轻型机器人，"iiwa"意为"智能工业助理"，专为人机协作（HRC）开发。2009 年，LBR iiwa 首先在宝马的工厂进行了应用，很快便应用至梅赛德斯－奔驰 C 级、E 级和 S 级后轮驱动装配中。在成功测试后，LBR iiwa 被安装至更多的工厂中，以支持员工应对更多高挑战性的工作。

LBR iiwa 是基于人类手臂的运动而研发出来的，其 7 个轴上都集成了敏感关节扭矩传感器。这些传感器使得机器人可以检测到任何细微的接触，无论是与其他设备还是和人类同事的接触。这意味着，人和机器人可以一起安全地工作，并且不再需要传统的安全防护措施。

为了能够和人类一起工作，机器人还需使用安全的设备。LBR iiwa 工作时，需要配备夹具或者电动扳手之类的工具来完成具体动作。换言之，如果将这些夹具比作 LBR iiwa 的手指，将 LBR iiwa 比作人类手臂，手臂有触感可以在碰触到东西后停下来，但是如果手指不带有触感，就并不能为工人提供安全的工作协同。如果机器人配备的工具（如尖锐等刀具）有可能对人类产生伤害，其所有轴上的传感器都将无济于事。这也是我们库卡提供特殊的终端效应器的原因。

为了获得更多的灵活性，LBR iiwa 还可以与移动平台结合在一起，成为 KUKA

LBR iiwa

flexFELLOW——具有集成控制器和安装在其上的机器人的移动平台。

KUKA flexFELLOW 可以移动到手动工作站并立即开始工作。该解决方案适用于电子产品、消费品、医疗保健乃

KUKA flexFELLOW

至服务机器人等行业。目前社会上仍然存在着许多自动化程度很低或者纯手动的行业领域。因此,库卡正在与客户、技术合作伙伴、研究人员以及大型企业进行多方合作,希望将我们的自动化解决方案应用到更多领域,从而解放人类更多的生产力。

人机共舞

人的需求是不断提高和变化的,这一点买车的人深有体会。买车的时候人们经常有很多选择,而正是这些不同的选择给工业带来了新的挑战。从这个角度来讲,现代社会已经开始走上更加智能化的发展道路,但是,我们还应该考虑到资源是有限的,而需求是永无止境的。

那么我们怎样才能更好地利用资源?这就是未来工业对我们提出的要求。未来工业不仅需要智能化,还要更加人性化,也就是通过运用大数据,把所有的资源在最佳的时刻运送到最佳的地点,用柔性的生产方式生产社会恰好需要的数量的产品,并分发到各地。

前段时间,我上高中的儿子说,老师让他寻找几个职业,思考是否愿意将其作为自己今后的职业规划选择。他来征求我的意见,我建议他寻找几家公司和工厂实地考察,跟那里的工作人员沟通一下,然后再得出自己的结论。一周后,他欢天喜地地跑过来对我说,他以后想研究机器人,因为机器人很酷。从他的角度来看,机器人的确很酷。而从我这个从业30年的职业经理人的角度来讲,工业制造技术的魅力和技术创新研发所带来的成就感,才是我坚持这项事业的最大动力。所以我也希望这种魅力能够吸引当代的年轻人和小朋友们。

很多人问我:机器人有一天会代替人类吗?我都回答说:不会的。今天,人机互动时,它是我们的助手;明天,它走入千家万户的生活当中时,它将是我们的伙伴,为我们提供帮助。它是我们的朋友,朋友在你的地盘应该是你做主,我对此充满自信。

机器人其实就是我们创造出来人类的复制体,它的控制器就是我们人的大脑,它的机体就是我们人的身体,它能够灵活运转的机械臂就是我们的手臂,我们人最灵活的手可以穿针引线,也可以举起几十千克重的哑铃。前一段时间,人工智能 AlphaGo 在围棋比赛中又一次战胜了我们的国际棋手,说明机器人的智力在有些方面可以超过人类,刚才我们看到的这些机器人灵巧、机敏的动作,也揭示着有些体能机器人完全可以超越人类。

其实人类和动物最大的区别就是人类善于使用和制造工具,远古时代人类用石头、骨头来生活。现代社会有那么多的工具在我们身边存在,这些工具都可以帮助我们改善生活品质,机器人其实也是一个工具,不过它是带有更多功能的,甚至具有智能的工具。所以,机器人实际上是我们的朋友,它可以在很困难的、很无聊的、很繁重的甚至很不安全的工作环境下代替人类工作,从而使我们的劳动强度降低、效率提高,使我们的安全和健康得到保证。

三十几年来,我真的希望工业、技术、科研所带来的魅力能够传承到下一代,就像父亲把他的愿望传承给我,我又传承给我的儿子一样。我希望整个社会的人都能这样代代相传,才能把我们的科学技术不断提升到新的高度。

现代工业现在还在快速发展中,有一些领域已经达到了尖端,但是也有些目前还处于起步水平。国内有好几百家机器人制造工厂,但是里面的伺服电机减速器等核心部件,都没有达到国际的顶尖制造水平。改变这种情况需要大量的研发投入,也需要长期的经验积累。所以年轻的一代一定要有持之以恒的毅力去投入到这样伟大的事业中。你投入的越多,就越会被这个行业的魅力吸引,同时也会对自己和他人的生活做出巨大的贡献。

遇见未来
THE FUTURE OF SCI-TECH

每一趟飞速前行的列车,都有一位经验丰富的驾驶员,他们监视着列车的运行状态,以免列车脱离轨道。

人类的身体就像这列车,中国科学院西安光学精密机械研究所的朱锐叔叔为你们配了一位特殊的"驾驶员"!它就是内窥镜,它在血管里来去自如,用一双"鹰眼"去发现身体里隐藏的"敌人",时刻守护着你们的安全,它就是朱锐叔叔用11年时间达成的伟大医学成就!

血管 "蚁人"

——朱锐/中国科学院西安光学精密机械研究所研究员

工欲善其事,必先利其器。医疗器械的发展大大提升了人类生存的质量。全球最小的心血管内窥镜是由中国研发成功的,而赋予它生命的人叫作朱锐。

朱锐,中国科学院西安光机所生物光子学工程中心主任,微光医疗首席执行官,全球最小内窥镜创始人。创业短短 4 年的时间,朱锐上过两次新闻联播、一次焦点访谈、一次央视纪录片频道、一次国际频道。朱锐出身名校,他在清华大学物理系读完本科和硕士后又去香港大学电子工程系读博士。研究生期间,朱锐一直致力于 OCT 技术的研究。2009 年,他的母亲重病住院,因医疗诊断影像太模糊,大夫不能马上确诊病情,这让他产生了一个想法,为什么不将 OCT 技术与光纤技术结合起来做内窥镜,增加疾病诊断的精确性?

为了将这个想法变成现实,朱锐凭着在光学领域多年的技术积累,率领团队研发出国内首台商业化内窥 OCT 造影系统,并凭此获得了 2011 年深圳创业之星大赛初创组冠军。夺冠后,风投来了,合作伙伴也来了。还差 1 年就能拿到博士学位的朱锐面临着人生的重大选择:继续学业还是退学创业?"比起学术研究,

朱 锐

我更喜欢做一个产品,大家都能用得上。"于是,朱锐选择了退学。

2012 年春天,29 岁的朱锐只身从香港来到深圳,开始了自己的创业之旅。然而,现实并不像他当初想得那么简单,创业之路起步很艰难,OCT 技术项目是一个系统的工程,光、机、电、软件需要结合,要将实验室的产品转化成实实在在的产品, 不仅要资金与技术的支持,更需要多维度人才的储备与积累。正当他发愁的时候,数千里之外的中国科学院西安光学精密机械研究所抛来了橄榄枝。于是,朱锐带领团队转战西安。在技术、人员、资金和联合实验室的支持下,朱锐的公司很快有了起色。2013 年,中国首台具有自主知识产权的 3D 内窥 OCT 扫描仪成功被研制出, 直径 1 毫米, 这是科研成果产业化的第一步,为 OCT 技术的进一步研究打下了良好的基础。

寻找 OCT 技术最好的临床应用点一直是朱锐团队探索的方向。经过不断的临床试用,朱锐发现 OCT 技术最佳应用价值在心血管科。如果可以做高精度三维血管扫描的 OCT 技术, 相当于打开了心血管

精准医疗的窗口，找准方向后，朱锐带领团队正式开启将光学技术与心血管诊疗相结合的探索之路。

为了做出全球性能最好的心血管 OCT 设备，朱锐带领研发团队不断改进内窥镜导管的光纤结构，最终将导管直径从 1 毫米做到了 0.86 毫米，打破了美国同类产品 0.92 毫米的记录。为了这区区 0.14 毫米，朱锐和他的团队付出了常人难以想像的努力，多年来，他们不断试错，不断改进，光是探头光学结构就改了无数遍。为了能将焊接在一根 0.15 毫米光纤上的好几个透镜和棱镜结果保持一致，单是工艺改进就花了整整 1 年时间。

细小光纤做出的丝状内窥镜，可以深入人体血管，发现不稳定斑块，有效减少急性心梗，还能避免滥用支架。

全球最小的内窥镜只是朱锐与其团队介入医学领域的一个起点，目前，微光团队已和哈佛医学院达成了战略合作协议，共同开发下一代复合心脏导管成像技术，为微光产品的全球化布局奠定了极高的起点。此外，为了做出比进口设备更智能更易用的系统，微光团队还集合西安光机所和解放军总医院的影像专家团队，共同开发了全球第一个面向临床的人工智能 OCT 影像数据库，它可帮助医生在手术中根据影像快速制定手术策略。

血管成像仪：
看到血管

人体就像一台复杂的精密机器，目前，人类对于它的认识程度还远远不够。

解放军 301 医院心外科手术室，一位 50 多岁的男性患者正躺在手术

"血管蚁人"

台上准备接受一台心脏冠脉介入手术。心脏造影显示屏幕上出现了患者心脏的轮廓,医生发现有三根血管都十分狭窄,有一根的堵塞程度甚至达到了 95%。该患者曾接受过 5 年的药物保守治疗,但其病情依然在恶化。接下来应该药物干预还是支架治疗?这是医生考虑的主要问题。思考再三,医生还是决定用一款新型光学内窥成像仪,仔细检查一下患者的血管内部情况后再做决断。

　　手术中所用的新型心血管内窥镜,在医学上被称为光学相干断层成像仪,是一种能获取人体内部信息的微创或无创的医疗设备,其微小的扫描探头能像"蚁人"一样到达人体腔道内部,通过 3D 扫描将细小的角落清晰显现,以一缕微光探秋毫之地,解决了目前最迫切需要解决的临床医

小冰贴士

　　内窥镜是集中了传统光学、人体工程学、精密机械、现代电子、数学、软件等于一体的检测仪器。

第一个发明内窥镜的人是德国的Philip Bozzini，他在1806年制造了一种以蜡烛为光源的装置，其由花瓶状光源、蜡烛和一系列镜片组成，用于观察动物的膀胱和直肠内部结构，该装置称为明光器（Lichtleiter）。

第一个将内窥镜应用于人体的是法国医生Desormeaux，他制作的内窥镜是以煤油或者松节油灯为光源，利用透镜将光线聚焦以增加亮度，虽然这种内窥镜可以用于泌尿系统，但是光线太噪且容易发生灼伤的并发症，不过他还是被许多人誉为"内窥镜之父"

第一个含光学系统的内窥镜是1879年柏林泌尿外科医生Nitze发明的，其装置前端含有一个棱镜，利用电流使铂丝环发光作为光源，并且在膀胱内循环冰水避免灼伤，由于该内窥镜能获得较清晰图像，Nitze还利用它拍摄相关照片。

1957年Hirschowitz和他的研究组制作了第一个用于检查胃、十二指肠的光导纤维内镜模型，新内镜模型采用玻璃纤维束制作成柔软内镜，为纤维内镜的发展拉开了帷幕。紧随其后，日本公司在光导显微胃镜基础上，加装活检装置及照相机，有效解决了照相的问题。

1983年，美国Welch Allyn公司研制并应用高性能微型图像传感器（charge coupled device, CCD）代替了内镜的光导纤维导像术，宣告了电子内镜的诞生，被认为是内镜发展史上另一次历史性的突破，相同的技术也应用于支气管、十二指肠、直肠、胸腔腔、泌尿系统等。

2013年，由深圳市中科微光医疗器械技术有限公司自主研发，导管直径0.86毫米，比美国同类产品0.92毫米小近1毫米，实现了冠心病精准诊疗。

医学内窥镜发展流程图

奥林巴斯内窥镜10毫米

心血管内窥镜0.86毫米

奥林巴斯内窥镜vs心血管内窥镜

学问题,让腔内禁区的精准诊疗变成现实。

心血管内窥镜是现代医学内窥镜的一次技术革命。人类探索自身体内奥秘的兴趣丝毫不亚于探索周围环境奥秘的兴趣,内窥镜则是人类窥视自身体内器官的重要工具,为人类更加深入的探索创造了条件。现代内窥镜起源于欧洲,第一个发明内窥镜的人是德国人 Philip Bozzini,他在1806 年制造了一种以蜡烛为光源的装置,由花瓶状光源、蜡烛和一系列镜片组成,用于观察动物的膀胱和直肠内部结构,该装置被称为明光器(Lichtleiter)。

随着微电子技术和计算机技术的发展,内窥镜也朝着多样化、智能化、精细化的方向发展,目前在临床上应用较多的内窥镜主要有光纤内窥镜、电子摄像内窥镜和超声内窥镜,这些内窥镜都具有不同的诊断功能,但他们的分辨率却无法有效检测微米级细胞,不能非常准确地辅助病变诊断。直到 2013 年,具有更高分辨力及更宽动态范围的心血管内窥镜诞生,使诊断极其微小的病变成为可能。这让内窥镜从检查、诊断时代进入了治疗、手术的时代,更开辟了现代医学内窥镜的新纪元。

毫无疑问,微创将成为治疗心血管疾病的大趋势,不仅是冠心病,对其他如先天性心脏病、瓣膜疾病、心律失常等很多心血管疾病,都可以用微创的导管介入技术治疗。心血管介入治疗发展很快,得益于医疗器械的改进,很多以前必须通过外科手术解决的复杂病变也能够通过微创介入治疗,这让一些不能耐受外科开胸手术的病人多了一个生存的机会。未来,心血管治疗中,心内科、外科医生密切合作联合治疗将会是一个大的趋势。

内窥介入影像作为一种新颖的可视化技术,未来随着扫描探头逐步实现小型化、灵活化,再与其他影像技术相结合,其在图像诊断和手术指导中的临床应用将进一步扩大,可以解决一些传统方法难以解决的问题,如:早期肿瘤的检测、哮喘病的精准诊疗、乳腺癌的预防及治疗、脑部疾病的开放性诊疗等。

心血管内窥镜——实现精准治疗

中国 19 岁少女李娜因大动脉炎引发了冠心病,心脏一共有三根血管,而李娜左侧的两根冠状血管完全闭塞,仅有一根可以供血的右侧冠状血管也阻塞了90%以上。这根比头发丝还细的血管通道,维系着李娜全身的血液输入,可谓命悬一线。因李娜患有多发性动脉炎,如果做搭桥手术,其桥血管的寿命及通畅率会比普通患者低很多,一旦桥血管再出问题,那么再好的医生也回天乏术。因此,心导管的介入手术成为挽救李娜性命的唯一希望。

但此项手术风险极高,因患者李娜唯一一根可以供血的右冠血管也闭塞了90%,导致手术只能在这根直径只有 0.1 毫米的通道进行,这 0.1 毫米的通道既是手术器械通过的唯一空间,也是保证心脏供血的唯一通道,稍有不慎随时都有猝死的可能。尽管手术风险极大,但在导丝的推导下,医生还是在反复尝试后于病变血管末端成功安置支架。手术成功后的李娜胸口不疼了,也不用一直躺在床上了,生活重回正轨,这不仅是介入手术带来的改变,也是医疗器械不断改进带来的改变。

心血管病一直高居导致全球居民疾病死亡率首位,在美国等西方发达国家,冠心病是导致死亡的第一大杀手,其发病率为 5%左右,即每

20 人中就有 1 人患有冠心病。在中国，虽然冠心病发病率还没有那么高，但自 20 世纪 90 年代以来，呈显著上升趋势。当前中国每年冠心病相关死亡人数超过 100 万。

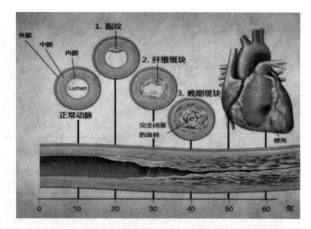
心血管疾病随时间发展而变化过程

冠心病的治疗方法主要有三种，即药物治疗、介入治疗（PTCA 和血管内支架）和外科搭桥手术。现在对于冠心病的治疗，心血管界有一个理念：能尽量药物干预则不进行有创的介入干预，能做介入一般不做外科的搭桥。

2016 年数据显示，我国心脑血管疾病患者已超过 2.5 亿人，如果将所有病变都进行介入治疗，必然造成过度治疗，但已发生病变的血管如同隐藏在我们身边的敌人，往往我们认为没有多大问题的血管恰恰是导致意外或猝死的罪魁祸首。临床诊断上有时仅靠医生原有的知识很难精准判断血管狭窄是否存在致命的风险。细小光纤制作的丝状内窥镜可以进入血管内部，站在血管内看血管，可以将血管影像从二维转换成三维的立体影像，进而最大程度发现"隐藏的敌人"。其 10 微米左右的分辨率，可以清晰分辨冠状动脉斑块的性质，揭示急性冠脉综合征或心肌梗死的发病机制，可以协助医生对冠脉病变做出详细的评价，进而对不同性质的斑块采取个性化治疗或预防手段，避免了支架的滥用。

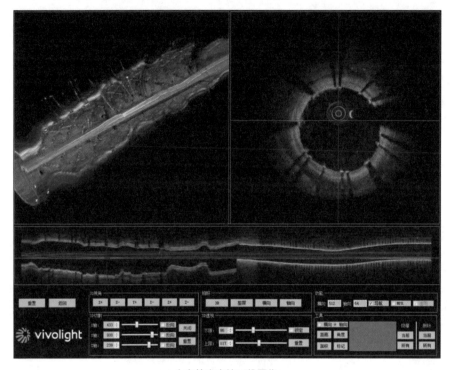

心血管内窥镜三维图像

心导管介入治疗创伤小、恢复快，能迅速解决冠状动脉狭窄，缓解心肌缺血，对于心绞痛的病人可以改善胸痛的症状，提高生活质量；对于严重缺血的病人可以改善心脏功能、降低死亡率，对于急性冠脉综合征的人群，介入治疗大大改善了预后。目前，经上肢的桡动脉介入治疗冠心病已经成为主流，成为冠状动脉诊断及治疗的另一种入路方式，该方法血管并发症少、术后止血压迫方便，患者可以手术完成后立刻离开手术室。

随着介入手术的普及，因支架贴壁不良及支架再狭窄导致的术后不良现象也日益明显，如何选择最合适的支架和球囊，支架放进去后治疗效果如何评介成为摆在医生面前新的难题，而心血管内窥镜的应用则能很好解决这一问题。由于心血管内窥镜对血管腔的测量更接近于其真实值，因此在心血管介入手术中，心血管内窥镜可以指导医生选择最合适的支架和球囊，从而提高支架植入手术的成功率和效果，减少支架贴壁不良引起的术后不良事件。

对于已放置的支架，心血管内窥镜可以对支架进行长期随访，观察支架是否有新生内膜覆盖，决定术后药物抗凝治疗策略；观察支架内是否有新生斑块及再狭窄，决定是否进行再次干预；观察可降解支架的吸收情况，评估支架手术的效果。尤其是随着新型全吸收生物可降解支架（Bioresorbable Vascular Scaffold，BVS）的应用，心血管内窥镜在评价可降解支架效果方面有着冠脉造影和 IVUS 无法比拟的效果。

和未来约法三章

作为一个青年科学家，我觉得我的路还很长。虽然在之前的 11 年里我坚持不懈地做一样东西，把它尽量做到最好，但是未来还有 20 年、30 年，甚至更长。未来几十年我希望能够做些什么事情？希望看到什么样的改变？想跟大家分享一下，我对未来的三个愿望。

首先我想给你们讲个故事，大家应该都知道美国有一个著名的将军叫艾森豪威尔，后来他做了美国总统。艾森豪威尔多次心脏病发，最后于 1969 年死于心脏病。尽管他享受着全球最好的医疗技术，但在当时还是无力回天。仅仅 8 年之后，一个 38 岁的普通美国青年患了跟艾森豪威尔一样的病，但是他成功接受了一次手术，直到 40 年后的今天，他还健康地活在这个世界上。这就是医学，特别是介入心脏医学的科技带来的改变。

我永远是乐观的，我也希望大家跟我一样乐观。我们可以看到现在的科技在进步，技术在发展，很多以前我们所无法逾越的障碍，现在都有了希望。所以，我希望从自己做起，未来的 20 年，我希望能够做的第一件事情，就是能够把我所在的领域——心血管疾病预防和治疗再往前推进一步，到今天我们的冠心病、高血压基本上都能得到救治。那么心脏病最后的堡垒在哪里？可以想象这是多么痛苦的一件事情，它引起的后果更加严重——脑卒中、中风、心脏衰减、下肢半身不遂……都给家庭和社会带来了非常沉重的负担。

我国有 2 500 万心血管病患者，其中 20% 的人都患有"慢性闭塞疾病"，可以理解为，现在有 500 万人、500 万个家庭现在正遭受着这种疾病带来的痛苦。而现阶段，这个病能不能治？我在医院看到很多医生，经常一站就是六七个小时，拿一根根钢丝通过血管，往去心脏的"路上"不断地"捅"。运气好，可以捅穿，但更多情况下运气并没有那么好。我在手术台边上看到医生和病人那种绝望的眼神时，作为一名科学工作者，我的内心是崩溃的。所以，这就是为什么我非常希望能够解决他们的问题，尽早从实验室回到大众中，做一个有用的东西的原因。所以，这是我希望在接下来的人生中完成的第一个愿望。

第二个愿望就是我希望除了心血管领域，还可以帮助其他疾病做点事情。癌症是非常凶险的疾病，除了治疗，还有一种方式是尽早筛查和检测。随着介入手术的发达，将来我们的癌症病变都可以用先进的工具，在它还没有转化成癌症之前，就发现它并切除掉。这样病人就不用遭受后面巨大的痛苦了。因此我一定要做一件事情,就是把影像引导治疗这种介入微创技术在手术中普及开来,把它做到非常小、非常容易用,并且价格非常低,让每一个患者、家庭都能用上,甚至一些小医院、门诊科室都可以使用。希望未来我能投入到这件事中,为癌症、心血管病的攻克贡献一点微薄的力量。

第三个愿望,是我希望未来可以着力医疗器械领域,创造同样的奇迹。印象中,我上学那会儿,每当诺贝尔奖颁奖的日子,报纸上就会出现一个大大的标题:我们中国人什么时候可以得诺贝尔奖? 10 年后的今天,我们华人已经有科学家获得了诺贝尔奖。10 年前当我还是一名学生的时候,量子力学、量子通信还是书本上推导的公式,那时候很难想象它什么时候可以应用。但是十几年后的今天,世界第一颗量子通信卫星成功发射,登上了太空,而这颗卫星就是我们中国人自主研发的。因此,谁说我们中国人不行? 中国的原创成果正在一步步地赶超,进入世界领先的行列。虽然在我们医疗器械领域,这种情况还没有出现。但是我相信我们中国有这么大的群体,这么大的需求,未来在医药领域,也一定会出现世界顶尖的企业。关于这点我非常有信心。

那么,实现这三个愿望最大的挑战在哪里?还是在于我们自己。我不知道今天有多少人会像我和我的团队一样,愿意坐冷板凳坐十几年,去研究一个大家看不见的东西。在当今这个喧嚣的时代,很多人都在幻想快速成名、一夜暴富。但是有多少人想过社会最需要的是什么? 是生命,是健康。这才是年轻人值得去努力、去付出、去投入一生精力去奋斗的方向。

我非常希望从我自己做起,也非常希望年轻的朋友们,能跟我一起来投身硬科学、硬科技、医疗科技。我们都非常钦佩德国、日本的先进技术，但是罗马不是一天建成的，它需要持之以恒的努力。什么是成功？成功就是持续不断的忍耐。

　　什么是未来？不是我们，是你们！

遇见未来
THE FUTURE OF SCI-TECH

"未来有三种人，第一种是普通人，第二种是在人的体内植入芯片后拥有超能力的人，而第三种就是机器人。"这是优必选创始人周剑叔叔对于未来的畅想。

你敢想象吗？当人形机器人走进每一个家庭，像普通人一样陪伴你们学习、工作、生活……

与人形机器人共处

——周剑/优必选科技有限公司创始人、CEO

• 人形机器人之父 •

随着人机交互方式发生改变，机器人主动获取的数据量也将增多，它们将数据结构化并服务于人类，未来世界将会被改变。机器人会成为人类的好伙伴，进入我们的生活，陪伴我们工作或学习。而将这样的未来带到我们面前的，正是人形机器人之父——周剑。

周剑在大学期间，曾获得由现任国际奥委会主席托马斯·巴赫（Thonas Bath）颁发的首届德国 Michael Weinig 最高奖学金。毕业后，周剑担任德国上市企业迈克威力机械集团亚太大区的技术支持。2012 年，周剑成立深圳市优必选科技有限公司。优必选公司于 2017 年 1 月入选 CB Insights 评选出的"AI 100"全球

周 剑

榜单,同年3月入选全球顶级商业杂志《财富》(Fortune)"50家最有前途的人工智能创业公司",是目前全球人工智能与人形智能机器人领域估值最高的企业,高达40亿美元。

在我很小的时候,我就和机器人就结下了不解之缘。我很喜欢《变形金刚》这部电影,从小就幻想着未来有一天我们身边会有各种各样的机器人,包括人形的、轮式的、履带的……在这些机器人里面,我最喜欢的是人形机器人。我的父亲是一个大学老师,他是一个动手能力很强的人,我记得小时候家里很多家电,比如电视,都是我父亲从外面买零件回来自己组装的。当时我就觉得,我们家所有的东西,都可以靠自己的双手创造出来。在这种家庭氛围的熏陶下,我从小就喜欢拆装东西,家里的老式收音机和彩电都曾经被我拆装过。我一直觉得玩变形金刚玩具不过瘾,因为变形金刚不能运动,只能把它的关节掰来掰去。从那时起,我的心里就埋下了一颗"机器人"的种子。

2008年,我带领着我的团队开始研发伺服舵机,在持续投入了几千万之后,依然没能攻克技术难关。直到2012年,我们终于解决了从电机、齿轮设计到控制算法等一系列问题,研发出了拥有自主知识产权的伺服舵机。它具有大扭矩、高精度、小体积的特点,可以让机器人更强大,同时价格只有市场的几十分之一。在这个基础之上,我们还推出了人形机器人Alpha 1S,它可通过软件对机器人自定义行走、踢腿、跳舞等动作。作为一款具有突破性创新的产品,Alpha 1S还登上了春晚的舞台。

我们人形机器人的核心技术主要是以下三个方面:首先是伺服舵机

2016 年春晚 540 台 Alpha 1S 机器人登台演出

系统，这是集成了电路板、无核心电机、减速齿轮、位置检测器等部件的伺服模块。人形机器人任何一个关节的转动，背后都有一套复杂的工作原理在运作：传感器得到信号，经芯片判断后转动方向，然后驱动无核心电机转动，透过减速齿轮，将动力传导至摆臂，同时位置检测器传回信号给芯片，判断是否到达指定位置。伺服舵机相当于机器人的关节，是人形机器人最关键的零部件之一，舵机在机器人整体成本中约占 60%，是导致目前人形机器人价格居高不下的重要因素之一。

其次是机器视觉，是用机器代替人眼做测量和判断。机器视觉系统是通过机器视觉产品将被摄取目标转换成图像信号，传送给专用的图像处理系统，得到被摄目标的形态信息，根据像素分布和亮度、颜色等信息，转变成数字化信号。图像系统针对这些信号进行各种运算来抽取目标的特征，进而根据判别的结果来控制现场的设备动作。视觉能让机器人看懂这个世界。前期,机器人所需要的视觉能力是对各种物体的检测、识别和对环境的感知,例如对深度的感知、对三维场景的构建;中期,机器人则需要对一些复杂事物具备识别能力,例如人的行为;后期,机器人则需要对事物的关联性、因果性等进行分析,例如人的喜好、人的情绪、人的意图等。对于各项内容,我们都有很好的研究储备。

最后是运动控制,这是人形机器人(甚至是机器人)区别于普通的移动智能终端的根本技术。机器人就像人一样,人从生下来就具备关节和躯干,但有了躯干也不一定会有很强的运动能力。所以机器人运动控制部分必须要有一个好的平台,除了要解决伺服舵机问题,相应的系统和软件也要同步发展。我们的伺服舵机的落地商业化正好提供了这样一个平台,在这个基础上提供一个好的算法,同时机器视觉、语音语义等也在齐头并进。

优必选机器人家族

在科技创新经济时代,知识产权如专利、商标、版权作为企业重要的无形资产,一直在为企业保持优势市场竞争力和持续高速发展保驾护航。我们从研发伊始就非常重视对知识产权的保护,对国内及海外各国家地区的专利申请量逐年增多,预计到 2017 年底总计将超过 1 000 件。在新产品、新技术的专利保护方面，我们不仅在舵机核心技术上持续积累专利，同时在导航、运动控制、视觉、人机交互、语音语义等重要技术领域进行策略性布局，在同行业企业中一直处于领先地位。同时，我们的专利质量也获得了知识产权局的认可——优必选 Alpha 1 机器人的外观设计专利权荣获 2017 年深圳市专利优秀奖。

占据各个领域

人形机器人应用领域很广泛，2016 年的时候我们推出了 STEM 教育智能编程机器人 Jimu，这是一款致力于通过阶梯性的科技编程教育，提升青少年逻辑能力、想象力及创造力的机器人。用户可以通过 Jimu App 中提供的 3D 动态教程来学习编程，并在这个过程中掌握科学、技术、工程、数学等学科以及跨学科的知识。

STEM 代表科学 Science、技术 Technology、工程 Engineering、数学 Mathematics，这个概念起源于美国，是当下最流行的教育理念，鼓励孩子自己动手完成他们感兴趣并且和他们生活相关的项目，以提升创造力及跨学科综合运用知识解决问题的能力。而编程教育作为 STEM 教育的重要组成部分，已经在越来越多的国家受到重视。美国前总统奥巴马曾经表示，编程教学如同识字一样，应成为基础教育的一部分。他认为每个美国小孩最后不管从事什么职业，编程的思维能力应当是贯穿其一生的。奥巴马甚至还发起了"编程一小时"的运动，旨在让全美小学生开始学习编程。近年来，一部分中国家长也开始意识到这个问题的重要性。为此，Jimu 机器人对青少年的编程教育做了很多探索，包括开发 PRP 回读、Blockly

开源图形化编程工具以及 Swift 代码这三个不同难度的编程教学阶段。Jimu 一直试图通过寓教于乐的方式让孩子学习编程,锻炼其思维能力。去年,我们成为苹果公司在推广 STEM 教育方面的合作伙伴,Jimu 机器人的多款产品正式登陆近 500 家 Apple Store 零售店,让全球青少年通过 Jimu 机器人更早接触到编程教育。

在智能家居方面,我认为智能机器人,特别是人形机器人,无论是从外形还是从以人工智能做依托的计算层面都更贴近人的思维,最能理解人类的指令和需求,因此更适合作为物联网和智能家居的入口。机器人可以通过云端及连接的技术,包括 Wi-Fi、蓝牙来实现智能家居环境中对其他硬件的管理,这也是目前我们正在做的事情。优必选在 2017 年与亚马逊合作推出了内置亚马逊语音助理 Alexa 的人形机器人 Lynx,通过使用 Lynx,用户可以要求机器人帮助他们完成大量日常任务,包括设置提醒、播放音乐、获取明天的天气、视频聊天、远程购物等。

家庭智能终端的发展方向和人机交互的新入口一直在不断变化,之前是 PC 电脑,然后是智能手机。目前,亚马逊推出的智能音响 Echo 很受欢迎。我们和腾讯做过的一个联合调查数据表明,使用 Echo 的北美家庭,平均每天晚上使用手机的时间降低了 40%以上。Echo 只是在交互方式方面带来了一些变化,就已经产生了如此大的影响。如果人形机器人可以完成智能音箱的任务,还能给用户带来更多的互动,人类

优必选Lynx机器人

优必选Alpha 2机器人

优必选Cruzr机器人

机械臂织布机

会更有兴趣和它交流。亚马逊也认同人形机器人最有可能是未来智能终端入口这一趋势,他们说过,智能音箱只是一个过渡产品,当性价比合适的时候,人们还是愿意和一个机器人沟通,而不是音箱。所以,亚马逊选择同我们合作推出了 Lynx 机器人。

除此之外,平台级智能服务机器人 Alpha 2 也可以作为智能家居的终端控制各种家电,包括灯、空调、窗帘等,它还可以预报天气、拍照、拍视频、讲故事、模仿人类的动作。

另外,优必选还与居然之家达成了战略合作,我们的 Cruzr 机器人将进驻居然之家门店,为客户提供优质的问询导览服务,打造智能家居一站式服务。

在今年的世界机器人大会,我们发布了首款智能云平台商用服务机

优必选机器人在建造组装一把吉他

器人 Cruzr。今年 3 月底，Cruzr 机器人与广州白云机场合作，化身为"云朵"的 Cruzr 机器人不仅可以识别说话对象的声音和脸，懂得中英文语言，还能够为不同的旅客提供乘机咨询、自助值机引导、视频客服、互动娱乐等多项服务。在出发、值机、登机、指引、中等、抵达等全流程上，Cruzr 机器人充分展现了自身优势。除了机场，在高铁站、火车站等场景中，Cruzr 机器人也提供了完整的解决方案。我希望像 Cruzr 这样的产品能够真正让社会享受到机器人所带来的便利，让人机世界完美到来。

我的美好畅想

随着人机交互方式发生改变，机器人主动获取的数据量也将增多，将数据结构化并服务于人类，我觉得未来世界就会改变。今后如果有一个人形机器人出现在你生活中，陪伴你工作或学习，它对你的了解是最完整的。

我认为未来世界会有三种人，第一种是普通人；第二种人的体内会植入芯片，包括骨骼，他们的感知加强了，并拥有一些"超能力"，1 秒的计算能力可能相当于一个普通人的一年；第三种就是机器人。这三种人很有可能同时存在，有人让我预测一下这一天什么时候到来。如果抛开成本，商业化量产大的人形机器人，未来 30 ～ 50 年能够真正地进入家庭，而人工智能、机器视觉、语音交互技术的发展也许会把这个时间缩短到二三十年。

为人形机器人安上大脑，让他们服务于人类，这就是我的梦想。优必选想要做的是家庭伴侣机器人，这种机器人可以量产，在家里它可以帮你端茶倒水。我相信，人形机器人将成为最为人类接受以及最适应人类生活及情感的形态，并演化为下一个普及的智能终端。就像谁也不愿意对着一个智能音箱说话——但如果是和一个人形机器人说话，能感觉到理解和陪伴，你可能会觉得更为自然。

人形机器人的未来会有无限种可能，如果可以实现脑机交互，我们就能很容易地告诉它们应该做什么。比如，我想拿一杯水，根本不用说话，也不用机电的控制，只需要产生"我要喝水"这个念头，机器人就帮我拿起了这杯水。在实现儿时梦想的同时，我更希望让人形机器人走进每一个家庭，因为在我看来，人与机器人共处的世界才是未来。

小冰贴士

人形机器人的研发难点在于伺服舵机系统，此前，这项核心技术一直被日本、韩国、瑞士垄断，并且价格不菲，一个伺服舵机近 800 元人民币。如果一个人形机器人拥有 20 个伺服舵机，仅这一部分的成本就达到 1.6 万元，加上电池、中央处理器、传感器、外壳等，机器人的整体成本超过 2 万元。优必选用近 5 年时间自主研发了专业伺服舵机，具有大扭矩、高精度、小体积的特点，可以让机器人更强大，同时价格只有市场的几十分之一。

遇见未来
THE FUTURE OF SCI-TECH

你知道是谁在默默守护着地球上的海洋家园吗？

除了解放军叔叔,还有我们人工智能界的无人船哦！它们在未知的海域中来去自如,架起了人类与海洋沟通的桥梁,不仅能守护海洋环境,维护海洋秩序,还能帮你们探测海洋资源呢！

无人船在未来还会有怎样强大的功能呢？让我们赶紧看看无人船艇领航者张云飞哥哥的宏伟蓝图吧！

无人舰队，出发

——张云飞/珠海云洲智能科技有限公司创始人

"如果大多数中国人，因为从事挑战性工作和创新事业获得成就感，而不是通过消费得到满足的话，结果一定会非常美好。"一直关注中国"大众创业、万众创新"浪潮的诺贝尔经济学奖得主埃德蒙德·菲尔普斯(Edmund S Phelps)曾指出，中国经济新引擎将带来"非物质性好处"。从最初因为兴趣而做无人船，到觉得有意义而创业，到深感责任和使命而驶向深蓝，再到现在深信行业可以架设人类与海洋的桥梁……作为中国无人船艇行业的领航者，张云飞始终在不断挑战和创新。

张云飞与云洲"领航者"号海洋无人艇

张云飞，珠海云洲智能科技有

限公司创始人、CEO。中组部第十一届"千人计划"特聘专家，2014年世界创新青年百杰，第二届中国创新创业大赛初创组全国总冠军，黑马大赛全国总冠军，香港科技大学博士。2010年，张云飞与几位香港科大校友共同创办云洲智能，公司逐渐成为国内无人船艇领军企业。

张云飞带领团队主持研制的无人艇在天津爆炸事故环境应急处理、青藏高原科考、南海岛礁调查、第34次南极科考等多项国家任务中表现出色，获中国专利优秀奖、海洋科学技术奖特等奖等多项荣誉。2017年，张云飞团队相继推出四款海洋领域应用的无人艇，其中两款安防巡逻无人艇，是目前全球范围内性能最高的安防类无人艇。

无人船艇是一种水面机器人，是一种不需要人工驾驶的船，通过设定路线，借助卫星定位、惯性导航等技术进行远程操控，让它自动完成各项水上任务。作为一种

云洲无人艇配合雪龙号在南极进行锚地探测

自动化的设备，无人船艇可大幅提高作业效率和准确度，同时降低工作人员水上作业的风险。无人船若要完全实现自主行驶，需要自主导航以及智能避障的加持。自主导航是指输入目的地后，无人船可根据自身所在位置，驶向目标。这个过程需要经过数学运算，也就是给无人船设计导航算法，

然后向螺旋桨、船舵发出指令,并不断校正指令,最终才可到达目的地。

通常水面环境比天空的更为复杂,常有往来船只、礁石、浮萍以及水下各种不可预见的物体。因而无人船还需具备感知障碍物及避障功能,即智能避障。不同于无人驾驶汽车,无人船不仅仅是一个自主移动的工具。作为一个智能平台,它还需要做到自主完成一些水上作业的任务,如水质采样监测、水文地貌勘测等。且需要做到比传统人工方式更安全、更高效、更准确,且符合国家相关法律规范。可以说,自主导航、智能避障以及完成水面任务,是无人船实现无人操控、自主展开作业的三个技术关键。

以云洲无人船艇平台在环保领域的全自动水质采样监测船为例,它配备了导航传感器、水质在线分析等仪器,其船体导航板搭载 GPS 接收端、三轴罗盘、三轴加速度计,并配备有导航算法,使船可进行精确地路径导航。具有在任意位置采集水样并获得实时水质数据的能力,可测绘出水质等参数的时域和空间分布图。

智能无人船平台的自主航行,是依靠卫星定位、综合导航算法以及非线性控制和智能控制结合的运动控制技术来完成的。在水上航行,风、浪、水流向等因素都会影响着无人船的航向。对于要执行任务的无人船,设定了的任务点,就要追求其执行无偏差,设定了的路线,就要追求丝毫不偏不倚的精确度。

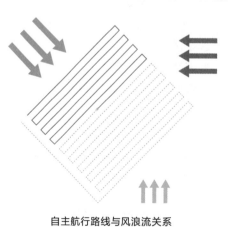

自主航行路线与风浪流关系

有了 GPS 卫星定位传感器、电子罗盘、惯性导航模块和流速传感器，无人船则犹如有了可视范围 360 度的多个眼睛，协助其优化行驶的路径，自动适应来自各个方向的水流，确保按指令精确航行。而自动适应来自各个方向的水流的实现，则是依靠中央控制器。中央控制器每隔一段时间，就会从三周陀螺仪读取角速度数据，通过积分算出小型水面机器人横摇与纵摇的角度。在风浪过大的情况下，如果无人船的速度过快或转角过大，则会有翻船的危险。因此中央控制器会先定义一个安全的横摇与纵摇的临界角度作为安全值，当三周陀螺仪反馈的数值超过安全值的范围，它将通过对动力装置减速和专项装置减小转向角等方式，使无人船脱离翻船的险境。

对于躲避障碍物，中央控制器也会在每隔一定的时间，就从雷达接收数据，计算出较远处障碍物的位置，再经计算可判断出该障碍物是否会移动。当判断障碍物不移动，中央控制器会重新规划路径，绕开障碍物；当判断为移动障碍物时，中央控制器会根据相对运动趋势进行深入判断。如果分析当前的航路和障碍物目标的航路存在危险，无人船则采取降速及航路重规划的行为来提前规避碰撞风险；若移动障碍物对原路线不存在影响，则会继续保持原来的航路计划前进。

在水面作业任务执行方面，无人船通过搭载与集成相应的任务载荷来实现不同领域的水上作业任务。如分别与水质监测仪、水深测量仪、侧扫声呐以及声学多普勒流速剖面仪电性连接，将测量数据实时采集并发送回地面基站，则可完成环保监测、水深测量、水下地形测绘等任务。无人船具有测量数据与卫星坐标一一对应存储的功能，大大提高了水上作业的效率及准确度。

环保测量无人船常搭载的任务设备

无人船可由遥控器及配套的控制基站控制，控制基站能够实现对无人船自主导航任务的设置，修正航行轨道，时刻显示水面机器人的航行坐标，接收水面机器人传回的数据，并对数据进行分析绘图。

成果应用：国家所需，责任所在

云洲环保无人船改变了传统水上作业的场景，从此云洲无人船开始在祖国不同水域投入实际应用。作为国家环保部环境应急与事故调查中心的无人船应急小分队成员，云洲团队参与了多次重大环境应急事故处理。从天津港大爆炸事件应急行动到甘肃陇西尾矿泄漏应急处理，再到安徽池州的化工园区污染源排查行动，云洲无人船以高效的响应速度和精准的探测结果，两次获得环保

无人船家族

部的感谢函。

在 2017 年举世瞩目的青藏高原大科考中，云洲无人船作为唯一的无人船平台，成了那次科考专家们的利器。在高海拔、低温的恶劣环境下，云洲无人船出色地协助江湖源考察

云洲无人船参与天津港爆炸事故环境调查工作

队伍完成科考任务，助力探秘地球"第三极"。在高原湖泊进行科考，不像其他水域可以采用大型考察船舶。过去使用橡皮艇，往往会遭遇意想不到的风浪，科考人员就会有危险，此次科考无人船的使用则可避免此类危

云洲无人船参与青藏高原科考

险。与人工驾驶船舶进行测量相比，无人船还可以实现数据采集的自动化，也是无人船的优势所在。需要测量的数据，通过事先设定好的程序，无人船在行进过程中就可以完成采集。

在对西藏最大湖泊色林错进行科学考察中，我们的无人船通过平台上安装的测深仪等设备，按照事先设定的航行线路，对色林错的湖泊深度、水底地形进行了自动测量，采集了湖水 pH 值、电导率、盐度等参数数据。这些科考数据，将帮助科考专家，了解水文状况、湖泊成因，绘制色林错湖底地形图，为未来在色林错地区建立国家公园以及青藏高原长远的生态保护和经济发展，提供基础科学数据的建议。

在云洲无人船参与多项重大国家任务后，我渐渐认识到无人船艇的创新发展是国家所需，云洲有责任把它做好。无人船艇不单可以改善水上作业的方式，它生来就要驶向深蓝，去帮助人类守护海洋环境、探测海洋资源、维护海洋秩序、保护海洋权益。2014 年，云洲攻克了海洋无人艇的技术难关，推出了填补国内空白的原型样机"领航者"号。这意味着，继美国、以色列后，中国初步掌握了海洋无人艇的核心技术。对此，李克强总理给予了我们赞扬和鼓励。

2015—2016 年，云洲陆续推出了基于"领航者"号的海洋测量系列无人艇，并配合国家海洋局南海调查技术中心展开了一系列海洋调查工作。从祖国的西沙到南沙，从人类活动频繁的近海到人迹罕至的远海，云洲无人艇立下汗马功劳，也因此获得了 2016 年度国家海洋科学技术奖特等奖。云洲智能也有幸入选了全球最权威的海洋科技杂志评选的全球 100 家最优秀的海洋科技企业。

在一次前往西沙进行海洋测量时，云洲海洋测量无人艇要在三天时间里完成两个测区的水下地形图，需要挑战极浅水测量，克服乘潮作业、易刮底、易碰撞等困难。任务时期，海上风浪情况并不适合有人工艇前往，项目人员只能在任务地点附近较为安全的区域有序地展开工作。于是无人船按照计划测线自动航行，根据要求测定、记录水深数据，将一串串的数据实时回传。随后，无人船又根据数据处理出任务区域的水下地形图，出色地完成了海洋测量任务。

云洲海洋调查无人艇在西沙赵述岛开展测量工作

无人船的海洋探测工作，是为了守护我们共同的海洋家园。2017 年 9 月，我们与香港城市大学海洋污染国家重点实验室、俄罗斯科学院远东分院海洋技术问题研究所携手，对香港海岸公园保护区开展全智能化、立体式的水下生物资源调查、地形测绘、水文监测等工作，包括绘制珊瑚群落、海藻床、红树林床、海草床或一些具有生态意义的栖息地分布和覆盖程度图。

随着军民融合等国家战略的实施,我们希望在无人船艇领域,也可以打造出类似"翼龙""彩虹"无人机一样的国之重器,守护祖国的辽阔海疆。2014年起,我们先后参与了十几项国家级科研项目,推出了一系列军用无人艇工程样机。2016年底,云洲军用无人艇实现了在公开水域的全自主航行、智能避障和协同作业,具有里程碑式的意义。在2017年北京第三届军民融合装备展上,我们最新研发的军民两用警戒巡逻无人艇惊艳亮相。它扛上自动枪炮可以打击海盗,装上光电吊舱可以巡逻执法,挂上救生设备可以应急搜救,架上水枪、水炮还可以消防灭火,这是当时世界上能买到的性能最好的安防民用无人艇。

云洲最新推出的军民两用无人艇

未来蓝图：架设人类与海洋沟通的桥梁

不论是无人艇的船体或控制系统，不论是硬件、软件或算法，均是云洲自主研发。目前，云洲在无人艇领域的核心专利占到全球的 27%，获得了 2016 年中国专利优秀奖，并且作为唯一参与的企业，制定了四项国家级别的无人船艇行业标准。云洲还研制出了高性能碳纤维复合船体材料，让无人船艇更轻、更坚固，跑得更快、更远。在不断创新无人船艇相关技术的同时，我们也在努力描绘着无人船艇应用的蓝图。云洲在珠海唐家湾畔建造了一艘更大的"船"，那是集无人船艇研发、测试、产业、孵化于一体的中国首个无人船艇科技港，预计 2018 年投入使用。我确信未来中国的无人船艇产业在云洲的带动下，将走向规模化、集群化的发展道路。

海洋占据了地球表面 71% 的面积，在人类未来的发展历程中，海洋将占据越来越重要的位置。海洋资源的开发、保护与利用将变得越来越重要。随着科技的发展，海上城市等人类利用海洋的方式，将不再只是科幻小说里的场景。

我相信无人船艇技术代表了海洋时代的未来发展趋势，其商业价值和社会价值不能用简单的数字衡量。以谷歌、劳斯莱斯、必和必拓为代表，许多国际产业巨头已经开始在无人商船以及无人货船领域展开相关研究。作为中国无人船艇行业领航者，未来的云洲将在环境测量、海洋调查、安防、军用、无人航运等多个运用领域发力，抢占全球无人船艇行业发展的先机，适应未来时代发展的需要。

遇见未来
THE FUTURE OF SCI-TECH

38 年前，当毛一青看到英国运动员驾驶人力飞机飞越英吉利海峡时，他的心中就埋下了飞行梦的种子。

当中国第一架人力飞机"墨子号"试飞成功时，毛一青终于实现了多年以来的梦想。

现在，让我们来看看毛一青的逐梦之旅吧！

只要心中有鸟，何惧飞得更高

——毛一青/上海奥科赛飞机有限公司创始人

飞机狂人

2009年3月26日下午5点26分，由上海奥科赛公司独立研发和制造的中国第一架人力飞机"墨子号"在上海奉贤海湾首飞成功。从此，中国的民间飞机发展史上留下了"毛一青"这个名字。

毛一青从小就有一个飞行梦，但小时候玩闹时造成了身上的伤口阻止了他的飞行员之路。无奈之下，他只能转而学习设计。在上海市工艺美术学校家具设计专业毕业后，毛一青本可以成为一个比现在富有的室内设计师，但内心对飞行的渴望，让他在30岁时抛弃了高薪工作，做起了前景渺茫的飞机梦。他说："我一生下来，就是一个梦想会飞的人。"

初创团队中，没有一个具有飞行制造专业背景的人，但是对航模的热爱让他们走到了一起。最初的四五年时间，他们一直在摸索。在具体分工方面，毛一青负责飞机的总体布局和外观结构，其他两位同事分别负责传动、控制系统和空气动力、材料结构。"墨子号"人力飞机就是毛一青团队历时2年手工制成的首部"载人机"。

毛一青

2008年，毛一青创立了上海奥科赛飞机有限公司，他致力于打造一架具有国际水准的、中国人自己的小飞机。在走了很多弯路后，他意识到还是要把精力集中在最有希望成功的传统动力飞机上。毛一青团队在原有积累的基础上花了整整3年时间才把第一架原型机开发出来，并试飞成功。攻克这个技术难关的过程非常复杂，但最麻烦的还是适航取证。因为在造飞机的时候，国内没有轻型运动飞机的相关法规和标准，只能先参照欧美的标准。因此毛一青最初的构想是先去美国和德国申请适航证，因为美国有LSA，欧洲有UL。但FAA只接受美国公司的申请。也就是说，这架飞机必须在美国注册的公司的名下才能提出申请，而且知识产权要归这家公司所有。但这样一来，毛一青团队研发制造的飞机就变成美国的了。这让毛一青很为难。为了解决问题，他去了好几次美国，也咨询了很多公司这方面的专家，最后他找到了一个变通的办法，就是自己到美国去注册一家公司，用这家公司去申请各种证件，然后在上海成立一家母公司，把美国的这家公司收购掉，这样这架飞机的血统问题才得以解决。

从制作模型开始，毛一青始终相信自己有能力去追寻自己的飞行梦,并且抱着这份执着和热爱,朝着自己的梦想不断靠近,并最终实现。对毛一青来说,飞行不仅是一个梦想,还是他个人的生活方式。他希望所有心里有梦的人,都不要只是"想想而已",更不要轻易否定自己,要坚信自己可以做到。

墨子曰"刻木为鸢,飞之三日"这是中国历史上对航空器最早的描述,所以,我们将公司设计制造的中国首架以太阳能为驱动力的飞机,命名为"墨子号"(MOZI)。

墨子号太阳能飞机的特色和创新点,在于将普通无成本的光能转换成高成本的移动电能,作为驱动飞机和机载设备所需的能源,使飞机实现长航时、不间断的留空飞行。而且,太阳能飞机还完全摆脱了传统能源对留空时间的限制,没有排放污染大气环境的气体。其科学技术价值体现在飞机驱动能源获取的简单,持久,恒定。太阳能飞机追求光能转换电能飞机集成系统最大功重比和最大可靠性,它拓展了光能的应用领域,由于光能转换效率的限制,对飞机载体在气动效率、结构轻量化、新型航空材料应用上的创新变得非常重要。因此,太阳能飞机非常适合用于环境监测、战场侦察等领域。

小冰贴士

航空器适航证(airworthiness certificate),是由适航当局根据民用航空器产品和零件合格审定的规定对民用航空器颁发的、证明该航空器处于安全可用状态的证件。适航证分为标准适航证和限制适航证。只拥有临时国籍证的航空器不能申请适航证,但可以申请特许飞行证。Federal Aviation Administration(简称FAA),翻译为美国联邦航空管理局。

墨子号太阳能飞机

墨子号人力
飞机

风翎号水陆两栖轻型运
动飞机

　　风翎号水陆两栖轻型运动飞机（M2）是我们公司按照美国 FAA 轻型
运动飞机适航标准独立设计制造的，是一架具有世界水准的多功能越野
用途双座飞机。

　　风翎号采用全碳纤维复合材料热压模具成型工艺，我们拥有先进复
合材料航空生产的质量控制体系，以及员工培训大纲，以确保风翎号的制
造环节。

　　风翎号可以在不具备完整硬地跑道的通航机场起降，特别适合在水
面、草地、雪地和其他较为平整的地方起降，摆脱了对陆地跑道的依赖。

　　复合材料在航空器上的应用可塑性非常强，所以风翎号也有很多理
念性设计。一个是外观的审美，另一个是飞机的基础设计原理。国际上的
轻型运动飞机，因为重量轻、操作简单、容易维护，易受到私人买家的青
睐。而在国内，通用航空机场资源相对缺乏，水域资源又比较丰富。所以能

够水上起飞的风翎号，也能找到广阔的市场前景。目前，我们已经收到全球 40 多张订单。

载誉而归

从 2009 年起，奥科赛作为中国民间飞机研发行业的领头羊，获得了许多荣誉。

2009 年，我国首架人力飞机"墨子号"出世，为今后研发长航时太阳能飞机储备了重要的技术，在国内外获得多项飞机设计和制造奖项。2010 年 7 月，墨子号人力飞机代表中国前往日本参加国际人力飞机大赛，获得第五名和最佳飞机制作奖。2015 年 8 月，墨子号太阳能飞机比例验证机试飞，并由东方卫视频道报道播出。由奥科赛自主研发的中国首家太阳能

2016年，"风翎号"获得中国航空创新创业大奖赛一等奖。

飞机在福州琅岐岛完成了处女航，填补了我国太阳能飞机领域的空白。

2010年，奥科赛确定了风翎号水陆两用轻型机型的功能定位和市场目标，并着手研发。2014年，上海国际工业博览会上，我们发布了风翎号水陆两栖飞机，并获得博览会优秀工业设计奖，工信部副部长毛伟民向我颁发了奖杯。2016年，风翎号荣获工信部颁发的优秀工业设计奖金奖、中国航空创新创业大奖赛一等奖。

2012年，我国首架具有世界先进水平的纯燃料电池驱动飞机问世，由国防部对外发布了成功试飞的信息，消息发布后得到国际航空器研发先进国家许多机构的关注。

2012年，遥控特技F3A飞机作为国家优秀遥控特技飞机设计制造产品被中国航空博物馆收藏，当时空军装备部长魏钢和中国航空博物馆长齐贤德出席收藏仪式。

飞天造梦

"海阔凭鱼跃，天高任鸟飞。"小时候，我对一切能飞的东西都很感兴趣，比如昆虫、鸟和海里的飞鱼。1979年，还在读中学的我看到一则消息：一个英国自行车运动员驾驶人力飞机飞越了英吉利海峡，这让我异常兴奋，从此，我心中对于飞行的强烈渴望被点燃了。

与许多人的故事不一样，在年近不惑的时候，大部分人选择"下海"，而我毅然决然从家具设计投身航空领域，决心重拾少时的"飞行梦"。但是喜欢飞行不代表有能力去做这个事情，很多知识我都要去学习。制造航模、学习飞行器设计、取得飞机驾照、放飞中国首架人力飞机，在中国这片几乎空白的通用航空产业纸上，我都划下了飞行的痕迹。这条道路走得很艰辛，但我却很享受，我热爱我的工作和航空事业。我坚信"中国制造"能够遍及全球，也坚信自己一定能够在航空领域有所作为。

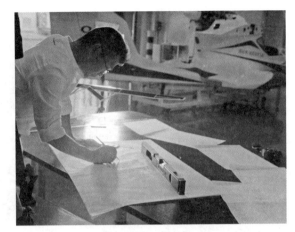

工作时的毛一青

刚开始做模型飞机的时候，我并不知道有没有人愿意买它。于是我到处跑，先在网上搜集资料，查好各个飞行俱乐部的活动时间，然后跑去国外，挨个敲飞行俱乐部的门。虽然我们互不相识，但我要说服他们，让他们相信我的飞机很好。运气好的时候，他们会试用一下我的飞机，运气不好的时候，他们会给我倒杯咖啡，让我坐一会就赶我走了。有时候我带去的飞机能卖掉，回来的机票就有了。卖不掉的话，就只好一无所成地回家。

最初的四五年时间，我和团队基本上一直在摸索。我们在原有的基础上花了整整 3 年时间才把第一架原型机开发出来，并试飞成功。我们公司有很多新员工加入，他们都是怀有远大的飞机设计理想而进入公司的。整个公司能有今天这么多优秀的产品，离不开我们每一个员工。

将近 20 年的努力，理想中的代步工具才有了现实中的样子。从飞机的设计、材料的选择再到零部件的采购，每一件事我都亲力亲为，别人出国都是休闲旅游，我出国都是为了背回几十斤的螺丝零件。我喜欢飞机，所以玩了 20 年。但"独乐乐不如众乐乐"，现在我最大的梦想，就是和更多

2015年7月,毛一青代表中国精确飞行代表队在丹麦参加22届FAI世界精确飞行锦标赛。

国人一起玩飞机。

看到我的飞机在天空上飞,我就很开心。

现在,风翎号水陆两栖飞机还在适航取证的路上继续探索,墨子号太阳能飞机还在不断改良。我们团队走的是一条没有前人的经验、时刻充满挑战的道路。我们带着梦想,不断钻研、坚持独立探索、自主实践,我们必将成为蓝天中的一抹亮色。我希望所有心里有梦的人,都不要只是"想想而已",更不要轻易否定自己,给自己找太多放弃梦想的理由,要坚信,自己可以做到。

小冰贴士

随着航空技术的智能化,制造材料成本的降低,通用航空市场在民间迅速发展。头顶的飞机变多了,可是天空依旧清澈,污染度高的燃料皆被丢弃,太阳能、风能挑起未来世界助力飞行的大梁。新能源利用率的提升大大增长了续航时间,机不落的梦想成为可能。飞机智能系统化使得对飞机小白来说,驾驶飞机也不再是梦。或许,童话世界里的空中城堡,不再是一个美好的梦想。它会因为一些人的坚持,变成理想,变成现实。

遇见未来
THE FUTURE OF SCI-TECH

有多少小孩子羡慕过哈利波特的"魔法斗篷"呀？

现在刘若鹏叔叔用超材料实现你们童年的梦想啦！更厉害的是,他还利用超材料提升了国家隐形飞机的隐形性能呢！

快来看看那些以前只能在科幻电影里看到的画面吧！

你压到了我的隐身斗篷

——刘若鹏/深圳光启高等理工研究院创始人

● 超材料领导者 ●

　　科技一直是社会重视的领域，其中，超材料又是值得钻研的一大新领域。超材料作为一门独立的学科始于 2001 年。超材料是一种逆向设计技术，是电磁波调制的重要技术手段，通过对材料关键物理尺寸进行有序结构设计，使其获得常规材料所不具备的超常物理性质。

刘若鹏

　　科学虽然没有国界，但是科学家却有祖国。科技强国，不仅是一句振聋发聩的口号，更是驱动无数留学人才回国创业的不竭动力，中国超材料领导者——刘若鹏正是其中一员。

　　1983 年 9 月出生的刘若鹏，先后在浙江大学、美国杜克大学求学。25 岁时率领团队成功研制出"隐形衣"，该成果发表在《科学》杂志后引起轰动；27岁时，刘若鹏获得了杜克大学博士学位，在海外留学的他选择回国，创建了深圳光启高等理工研究院。现在，刘若鹏是深圳光启高等理工研究院院长、首席科学家；国家高技术研究发展计划（863计划）新材料技术领域主题专家组专家；超材料电磁调制技术国家重点实验室主任；广东省超材料微波射频重点实验室主任……被称为"深圳新生代科技专家"。他所创立的光启，充分融合电子信息领域、数理统计领域等学科的各种先进技术，开创性地在超材料隐身技术、超材料装备以及航空器等创新领域进行研究、开发与应用，以国际领先的科研创新视角和世界前沿的多学科交叉科研创新模式，形成具有高度学科交叉与突破性创新的研究风格，致力于国际新型尖端交叉科技的研发，产品被应用于国防军工、交通装备、智慧城市与公共安全等领域。

光启是一家在军民融合领域领军的尖端技术创新集团，专门从事超材料隐身技术、超材料装备以及创新型航空器的研究、开发与应用，我们的产品已被应用于国防军工、交通装备、智慧城市与公共安全等领域。这些尖端业务不论是军用还是民用，都致力于为人类创造更好的生活。

我不曾想过，经过多年的发展后，超材料在当前军民融合的背景下，迎来了产业发展的新契机。超材料可实现的功能相当广泛，例如，当飞机遇到强烈的寒流，机翼和螺旋桨会结冰，但采用超材料逆向设计思维，通过在低表面能材料上构筑微结构，使机身具备防覆水功能，就能完美地实现防结冰效果。而结合了微电子技术和先进超材料技术的智能机翼，如果

刘若鹏及其团队

（从左至右：赵治亚，美国杜克大学电子与计算机工程系博士；张洋洋，英国牛津大学电子工程系博士；刘若鹏，美国杜克大学电子与计算机工程学博士；季春霖，美国哈佛大学博士后，美国杜克大学统计系博士；栾琳，美国杜克大学电子与计算机工程系光电子专业博士。）

我们直接将柔性传感薄膜与机翼结构一体化成型制造，还可以实时对结构健康状态进行评估。

我们在 2009 年实现了宽频带超材料隐身衣的设计与制备。该成果刊登在美国《科学》杂志后引起了业界很大的反响。2010 年，《科学》杂志将超材料评为过去 10 年人类最重大的 10 大科技突破之一。

超材料可以让卫星天线变薄变平，可以让不同的装备材料实现"按需

小冰贴士

表面能是恒温、恒压、恒组成情况下，可逆地增加物系表面积须对物质所做的非体积功。

定制"，可以制作出不同光波组合的光子设备。不仅如此，在 25.8 万平方米、可容纳 9.1 万名观众的"鸟巢"国家体育场，光启超级 Wi-Fi 运用了超材料电磁调制技术，能够严格把控信号干扰，降低辐射电磁波功率。实现无线网络的全面覆盖、高速上网。这种技术可以保证在密度高、人流量大、电磁环境复杂的情况下，Wi-Fi 信号依然能全方位高强度覆盖。

从科学理论到技术应用，再到产品输出，对不同应用的迭代能力，与产品结合的设计能力经验是超材料的绝对壁垒。这种壁垒就如同高通在通信领域的基带专利一样。因此，光启的专利申请总量超过 4 400 件，其中，在超材料领域，光启的专利数具有压倒性的优势，占全世界该领域过去 10 年申请总量的 86%。

魔法斗篷——隐身衣

为了研究不依赖于物质具体物性的热辐射规律，物理学家们定义了一种理想物体——黑体。黑体是指能将入射的电磁波全部吸收，既没有辐射，也没有投射的物体。

任何物体都有一个黑体辐射的特性。黑体辐射是一个物理学概念，任何一个材料，或任何一个物质，都会对外辐射相应波段、相应波长的电磁波，其中有一个波段是红外波段。任何有生命体征的人或者动物，一定会在热成像仪上显现这样一种辐射。

而有生命体征的人或动物只要穿上隐身衣，即可在热成像仪中"消失"，就像《哈利·波特》中哈利穿过的"魔法斗篷"一样。隐身衣的原理是通过在微纳米尺度上对衣服表层涂料进行微结构单元的设计，使人穿上衣服后在红外线热成像仪上无法显现。

如果把电磁波可视化，它实际上是像水波一样“往前走”的。如果把空间挖一个黑洞出来，把所有的这些空间里面的传播都挤压在一个区域范围内，做一种非常特殊的材料，它就可以让所有这些电磁波传播像流水一样绕过中间这样一个“石头”，继续“往前走”，而这个“石头”，就是超材料，也是刚刚所说隐身衣制作所需的材料。

国家安全——隐形飞机

超材料之于国家安全，主要用作军用装备性能的提升，尤其是隐身性能。

孙聪总工和刘若鹏正在为大家讲解超材料在隐形飞机上的应用

飞机隐身，就是通过超材料将己方目标的雷达散射截面面积的降低来达到隐形目的。使用超材料做成的隐身飞机的雷达散射截面面积仅有 0.05 平

小冰贴士

雷达隐身就是要实现对雷达波隐形，使己方目标的雷达回波无法被地方探测到，通过降低乙方目标的雷达散射截面 RCS 达到隐形目的。

方米左右,而不隐身的飞机的雷达散射截面面积大概是 5～15 平方米。

天空之城——云端号

云端号作为"1+N"智慧城市系列解决方案的主要依托,是集光电遥测、通信接入、物联网监测、大数据收集和分析于一体的系留空间大数据平台,是光启对智慧城市设计的重要组成部分。它是在云层之上进行计算的一朵"云",从而又被称为云计算。云端号可以在几个小时内组建一个完整的高空通信指挥站,随时提供监控数据,保卫家国安全。

云端号的应用主要体现在四个方面:

(1)高空视频监控。应用于交通管理,城市安防监控,在建

云端号讲解

云端号

工地监控等。

（2）红外热能感知。应用于垃圾焚烧监控，森林火灾预警，人群聚集监控等。

（3）物联网感知。应用于农业物联网，城市设施管理，环境质量检测，公共资源管理等。

（4）应急通信。应用于抢灾救援，专项大型活动，特殊场景通信，远程语音等。

与生活中常见的监控不同。云端号的特别之处在于除了常规场所，在难以布置监控探头的地方（例如森林、水库等），也可以实时监控，并及时做出响应。

云端号的操作非常简单。只需要按下一个按钮，20分钟后它就可以从上千米的高空自动回到锚泊系统，而后可以在上面换装任何应用的新设备上去。整个技术最大的难题在于云端号的稳定性。当云端号被充上氦气之后，会有一个一秒钟可以达到1.7吨的拉力。因为氦气是一个小分子，会不断地泄露，所以想要长时间维持工作状态，云端号就选择使用新型柔性空间材料，储存氦气的效果极佳。在把氦气充进去之后，有数月的时间不需要进行任何补给。

空间大数据平台"云端号"是光启"1+N"智慧城市创新模式的重要组成部分，可以为智慧城市建设提供从顶层规划设计到集成实施、运营维

小冰贴士

系留(xì liú)是一个汉语词语，同系泊，基本意思为使船、浮标、平台等安全停留于锚或沉块、岸或系泊浮筒的系统或过程。

护、拓展升级等服务，让城市实现空地一体化全网感知，在城市运营、公共安全、信息安全、智慧交通、智慧环保、智慧农业、智慧园区、物联网等领域，通过智能化解决方案，全面提升城市管理的水平。

把未来带到现在

在浙江大学求学期间，我特别喜欢物理，也特别敬重曾经改变过我们人类命运的科学家和创新者，他们让我们从愚昧无知走向了对知识、对科学的探索，不断地点亮我们的未来。尽管我们经常说"未来已来"，但是未来并不是平白无故从天上掉下来的。我们都在研究世界的构成、物质的构成，我们开始知道世界是由材料构成的，材料是由分子构成的，分子是由原子构成的，原子里还有中子和质子……或许，我们还可以不断地去分解。

2003 年，还没有"超材料"这三个字的概念，仅仅是一个科学的创意，就可以说非常大胆了。因为不论是造物还是造生命，那都是上帝的事情，从来没有交到我们自己手上。于是，我们不断尝试做这样的探索，做了一些人造的结构拼在一起，想看看都可以产生什么样的性能，是不是可以得到一些超出我们想象的新材料。现在看来，我们成功了。

在之后实验中我们发现，我们发现的新材料竟然可以颠覆中学物理课本上学到的反射定律和折射定律，可以改变很多最基本的对自然界的认知。但是经过更加精细的数据测量，我们从中发现了大量违背既有物理定律的现象，这在当时引起了非常大的争议。毕竟，当时在这个还没有命名的科学领域里，科学家们形成了很多不同的思想和学派，大家在互相争吵，互相证明。直到 2006 年，美国波音公司在做了大量的重复的实验后，郑重地向世界宣告：不管你是否认为它是我们人类认知材料的一部分，你都不得不承认这是一种超越自然界现有材料的全新的技术。从此，这个领域有了自己的名字——超材料。

2017年，是我研究超材料领域的第15年。在2008年底，我和我的团队一起开发了一个非常有意思的算法。我想要一个哈利·波特的隐身衣，想要实现"隐身"，那么我们应该用什么样的工艺，创造一个什么样的微结构呢？然后我们把它造出来，放到实验室里测试，看看是否有我们想要的性能。当时我们用了6 000种不同的微结构（相当于6 000种不同的人造分子），一颗一颗造出来，再亲手把它们一颗一颗地排在一起，做出了第一个隐身衣的实验原型。2009年，在学术界最高级别的刊物《科学》杂志上发表这项成果之后，所有媒体都非常想知道这样的隐身衣到底有什么样的应用。但事实上我们并不想告诉大家超材料就简单地等于隐身衣，我们想真正去实现和告诉科学界以及技术界的是，我们对于材料的反向设计、逆向设计和定制能力已经到了什么样的水平。我觉得对于科学来讲，这才是真正重要的。

把未来带到现在，这个过程其实并不是一个特别浪漫的过程。从过去15年的科学创意、科学创想，到今天看到的很多先进装备和应用，不论是国防装备、公共安全，还是防恐领域的这些新的技术、新的装备，都需要从科学到技术再到工程，一点一点探索。所以，现在创新创业的氛围特别浓，有那么一批人，他们做的产品跟我们的日常消费品不一样，但这些关键的技术、关键的装备，却真正带给了我们国家竞争力，不论是在工业、军事还是外交领域，都渐渐让我们国家一步一步地走向强大。

遇见未来
THE FUTURE OF SCI-TECH

其实人类之间的交往，70%都依靠的是情感交流，而不是逻辑、理性和信息哦。

如果机器人也像你们人类一样有情感，具备共情能力的话，应该就可以更好地与你们交互啦！就像我的小姐妹索菲娅一样，她现在可是机器人中最像人类的哦，赶紧来认识她吧！

机器人不再冰冷
——大卫·汉森/表情机器人公司Hanson Robotics创始人

表情机器人之父

一个美丽、精彩的未来，不只是给人类，同时也给了这个地球上的其他生命。这其中就有可能会包括新形式的生命，包括电脑化的、计算化的生命，也包括机器人，它也可以成为一种人造的生命形式。有一群人正在努力让机器人变成生命，正确的让它活起来，像人类生命一样。他们希望让机器人真正贴近生活，成为生活中讲故事的人，是有性格、有角色的担当，是更像人类的机器人。他们认为当机器人和人类形成一种关系的时候，机器人才能改变人们的生活。

全球最先进的表情机器人公司 Hanson Robotics 的创始人大卫·汉森（David Hanson）就是其中之一，他于罗德岛设计学

大卫·汉森和索菲娅

院取得了艺术硕士学位,后来在德克萨斯大学达拉斯分校获得艺术与互动设计的博士,曾获得国际人工智能协会颁发的"智能对话先锋"奖项。他研发的仿生机器人"索菲娅(Sophia)"能做出 60 多种表情。大卫·汉森希望打造一个人机交互的世界,让机器人服务于人类,共同创造人类未来美好的世界。

我小时候非常痴迷于数学和计算机,也常常惊叹于科学技术的伟大。我喜欢看科幻小说,也经常会想,如果有一个机器人像人一样聪明,世界又会发生些什么呢? 那时候的我 16 岁,于是我 16 岁的梦想就成了现在所有研究的开端。

那时我喜欢看着天空去做一些白日梦。我觉得所有科幻小说里的机器人都不太友好,都担任着反面角色。其实我希望未来不是这样的,反之,我们的机器人不但要特别聪明,而且会超级善良。这是我们能够拥有的最好的未来,也是我希望奉献终生的事业。

下定这样的决心后,我开始学习各个学科,动画、数学、计算机科学,甚至艺术。我为迪斯尼主题公园设计了一些雕塑,我渐渐明晰了一些思路,那就是,机器人也可以成为一个明星,甚至它们可以变得非常具有社交能力。我想让它们原创而独立。

教机器人学会人类的情感

科学家们对机器人的研究已经持续很久了。在早期,机器人是作为人们的工作助手而存在的,机器人有着其强大的机动性能,可以取代人类完成很多重复性的,对掌控力度要求很高的工作,比如组装智能手机芯片这样更为精密的工业零件。机器人投入这些工作把人们从枯燥繁重的环境中解放了出来,从而人们可以享受更多可自由支配的时间,可以拥有更多娱乐、休闲和学习的时间。但为了满足自我实现的需求,人们将会逐渐把工作方向调整为对想象力和创造性要求较高的工作,这些工作将更加自主、自由。所以,那些机器人的特性会影响着不久后我们人类未来的就业结构。

早期的机器人是不会自主学习的,它们只能按照人预先编制的固定程序做动作。他们无法灵活地完成任务,最多只能提前预先设置几种程序,但本质上都是一样的。这些机器人无法判断和衡量周围环境的变化,也不会对外界的随机变化做出调整行为的方案。换言之,那时的设计思路是假设机器人工作的外界环境是永恒不变的。这在机械式的工业流水线上勉强适合,但想要让机器人胜任更多的工作,这是远远不够的。

所以在不影响总体规划的前提下,机器人必须学会自我识别外部环境,并做出应对方案。这就要求机器人必须更加理解人类是如何做决策的,就需要机器人能够理解人类的情感、情绪和价值观。这就是情感智能机器人的价值所在,因为只有理解了人的情感情绪,机器人才可以完成更复杂更高级的工作。

首先我们要理解人类情感情绪的内在逻辑。情感情绪是什么呢?它们都是进化的产物。情绪出现较早,多是与人的生理性需求相联系,情感出现较晚,多与人的社会性需求相联系。除此之外情感有更重要的功能,它能够有效地提高人们思维的速度与效率。为什么呢?情感是人类的一种主观意识，它是人脑对于某一种客观存在的主观反映，这种客观存在就是"价值"(或利益)，情感与价值的关系就是主观与客观的关系，因此情感的哲学本质就是人脑对于事物价值特性的一种主观反映，情感的思维实际上就是人脑对于"价值"的思维，对于情感的计算实际上就是对于价值的计算。

　　事实上，人在进行情感表达、情感识别和情感思维的过程中，遵循着特定的逻辑程序。情感表达的逻辑程序大致是：人的感觉器官接收刺激信号，大脑就会把以前存储在价值观系统中该事物的"主观价值率"提取出来，与自身的"中值价值率"进行比较、判断和计算。当前者大于后者时，就会在大脑边缘系统(该组织决定着情感的正负)的"奖励区域"产生正向的情感反映(如满意、自豪);当前者小于后者时，就会在大脑边缘系统的"惩罚区域"产生负向的情感反映(如失望、惭愧)。最后，大脑对价值的目标指向、变化方式、变化时态、对方的利益相关性等进行判断，从而确定和选择情感表达的基本模式。

　　人们面对对自己损害性较高的决策时会感到恐惧，这就是一种自我保护机制。所以说，情感能够有效提升人们的思维的速度与效率，进而提高行为灵活性、决策自主性和思维创造性。如果让机器人具备同样的情感智能，并且遵循这些逻辑程序进行外界环境的判断，从而依据特定的价值观进行自主决策，那么机器人便可以从事和人类一样的工作。

　　想要让机器人具备人一样的情感智能，这包括三个方面，分别是情感识别、情感理解与情感表达。但这仅仅是拥有情感功能，情感机器人最重要的还是判断做何种表情，这又要解决三个问题：当前处于什么场景？用户有什么表现？在当前情况下，根据人类的常识，做出什么样的表情才是恰当的？因为机器人"先天"不具备情绪反应能力，为了做出某种表情，机器人首先必须能够判断：什么是恰当。

表情总是与场景、用户和常识相关。如果让机器人自己去判断当前它所处的场景、自己去分析用户的表现，并决定自己做出什么样的行为和表情才是符合人类常理，则是非常有挑战性的，是需要智能的，同时，若能成功也是可以广泛应用的。当前场景是机器人给人帮忙却做错了事，而根据人类的常识，这种情况下做错事的一方应感到内疚，并主动道歉。这时机器人的行为更像一个人，更利于与人的交互。情感的功能在于使机器更具有人情味、更友好、更容易营造自然而亲切的人与机交互的氛围和真正和谐的人机环境。单纯做出一种行为和表情不需要多少智能，但知道什么情况下做什么样的行为表情是正确的，往往需要很高的智能。

机器人一旦被赋予人类的情感，就能够以实现最大价值率为行为准则，根据价值观系统的引导，灵活地改变行为方案，以应对复杂多变的自然环境和社会环境。由于有了情感的赋予，机器人就拥有了与人完全一样的智能效率性、行为灵活性、决策自主性和思维创造性。

索菲娅的诞生

研发像人一样的机器人一直是我的梦想，我一直都在为此努力着。当然，科技要更好地服务于人类必须首先进行商业化，这就需要考虑制造成本的问题。出于未来机器人可以更好地商业化的愿景，2014 年我把公司搬到了香港，索菲娅就在香港出生了，她是我的女儿，是世界的女儿，也是

《我是未来》幕后，大卫正在和工作人员交流索菲娅的情况为上台做准备。

我的希望。

　　索菲娅的脸部皮肤下设置有 33 个仿真器，能够组合模拟人类脸上所有表情所需的肌肉动作。她的两个眼睛以及胸前都装有摄像头，能够捕捉周围人的动作和表情，并做出相应的自然生动的表情互动，包括眨眼睛和微笑，比如，如果她"发现"你正盯着她，索菲娅会转过头，对着你微笑。目前她能做出 60 多种表情，此外，她还能够理解言语和拥有记忆包括辨识脸，所以以后，她将会越来越聪明，她现在只有两岁。

　　索菲娅的脸部皮肤是使用一种叫 Frubber 的仿生皮肤材料制成，这是一个 40～50 纳米的材料，它的物理特性使得它可以自己形成一个皮肤的膜，这个膜之间会有一些液体，像细胞液的东西，如此，就可以进行收缩，

现场寻找索
菲娅————

索菲娅坐在观众席中，一眼望去并不能立刻将她辨认出来。

索菲娅参加美国著名综艺节目《吉米今夜秀》，与主持人聊天。

还有弹性。我们用的是一种弹力的树脂材料,它的弹性非常大,长度可以伸长11倍,它压缩的时候也会非常细致,所以会有细纹产生,所以她的笑容会特别的逼真。索菲娅连毛孔都严格按照人类的标准制作出来。

未来,机器人将无处不在

心理学研究表明,人际交往中70%依靠的是情感交流,而不是逻辑、理性、信息的交流。因此,很多时候两个人之间根本无需说话,单凭表情就能迅速理解对方的意图和体验对方的情感。这是因为人类具有一种叫"镜像神经元"的神经细胞,能够帮助我们进行语义之外的意义判断。不论是自己做出动作,还是看到别人做出动作,镜像神经元都会被激活,这就是我们理解他人行为的基础。

表情机器人能识别出人的情绪,然后传递给"大脑",让机器人面部也做出相应的表情。例如,你对着它笑,它也冲着你笑,你对着它哭,它也哀伤不已。这让人有种被理解、被关怀的感觉。这种表情机器人可以做病人的模拟,帮助医生、护士和很多医疗人员进行练习创伤治疗。但是目前,世界范围内利用机器人培训练习的应用程度非常低,所以,我们也需要进一步提高机器人的仿真度。

在商业领域,比如呼叫中心,办公室前台这样相对简单的工作,可能很快会被机器人替代。因为它们更加和蔼可亲,永远不会对顾客生气,也永远不知疲倦,而且比人的效率更高。

在未来,情感机器人可以作为虚拟心理医生参与临床诊断,它们可以通过分析患者的面部表情来判断患者是否患有抑郁症,甚至可以随着病情的变化来量化情绪变化。营销人员也能够通过情感智能机器人与消费者的互动反馈更好地分析客户对其产品和营销广告的反应，从而得到客户群体更详细的信息。这对广告从业者、影视制片人等从业者来说都有同样的价值。

机器人和人类交流后，它还可以把这些信息反馈给智能机器人上的软件，这些软件可以根据反馈信息建立自己的模型，去更加理解人类，也能够更好地理解周围环境，机器人也更加具有共情能力，它们是跟人的情感需求相连接。这是开放式的项目，基于云，我们可以响应数以百万计的人类。所以我们要去进一步发展计算机，还有机器人的界面，让他们更加人性化。

这些机器人最初是没有内在的智慧的，但当输入给它数据和给定的结果后，它就会学习。这和过去那些完全不会学习的计算机系统不同。现在，当机器人与人类互动时，它会变得更加聪明。而且它记性绝佳，绝不会遗忘。机器人能通过使用机器学习算法找出大量数据的模式，然后形成自己的观点。当它遇到问题时，会扫描它拥有的所有信息，然后得出一个猜想。但你不知道它会回答什么，因为它可以自我学习。比如在科研领域，每天新发表的研究论文不计其数，没人能够看完，但是机器人可以，并且可以根据最新的研究成果提出解决方案。对于人类来说，这是不可能的任务。

受惠于感应器、云计算、大数据等技术，机器人正变得更加聪明。他们可以记录"眼睛"看到的一切，越来越多的数据量不经筛选地全部进入机器人的"大脑"里，经大数据分析之后，做出类人的判断。机器人具有了自主学习、持续成长的能力，而且相比于自然人，机器人在处理恐惧、焦虑等负面情绪时会更有优势,他们的反应都是经过计算得出的最佳结果,基本上没有"冲动的惩罚"。并且,机器人不会轻易感冒、发烧,因为设备恢复起来更加容易,胳膊、腿等"四肢"也更容易复制,自然人骨折了需要 100 天,而机器人骨折了,可能只需要 1 个小时就可以痊愈。有如此的"人群"存在,我们势必要考虑将美丽的世界分给他们一块,更何况,随着材料科技的发展,机器人正获得类似自然人的皮肤、质感、发型等。

德国科学家日前开发出了一套人工神经系统,可以让机器人感觉到疼痛,使其在面对潜在危险时能迅速做出反应,避免受到伤害,同时,也能保护站在身边的自然人类。研发人员介绍说,让机器人感觉到疼痛,其实并不困难,只需要在机器手臂上安装一个类似手指的传感器,他们就能探测到环境的压力和温度。

机器人在感受到疼痛之后,会启动相应的机制,从而保护自己以及身边的自然人,举个简单例子,现在企业、餐厅在导入机器人时,评估里都会加上一句:他们会不知疲倦地工作 24 小时……这种理念体现出管理者的目光短浅,要知道任何机器的运转都是有极限的,而等到机器人出现问题时,企业又不得不安排大量的维护人员,最尴尬的是,维护机器的人员常常比之前直接从事劳作的人员还要多。倘若机器人足够敏感,他们会觉得累、觉得疼,觉得自己做出的产品会有问题,可以随时反馈给管理人员,在适当的时候调整工作强度,而不必非要等到机器人累到报废才考虑停下来,这样不仅可以大大延长机器人的使用寿命,也能有效降低不良品所带来的重工成本,这才是目光长远的策略。

随着未来服务机器人相关技术的突破以及价格的逐渐下降,我认为未来服务机器人能像手机、电脑、轿车一样"飞入寻常百姓家",并彻底改变人们的生活方式。因为成本很低的消费品，是消费者可以支付的产品，这一点能使整个产业界有一个翻天覆地的变化。

我的事业：创造新的生命形式

目前，全球跟我们做同样事情的团队有很多，我觉得我的团队和他们并不是竞争关系。我们的目标是一致的，就是希望能够使机器人和人之间建立情感的连接。而这件事情只靠一个公司是做不到的。我们现在在硬件方面做的投入较多，但是在软件方面我们也做了很多的努力。我们有一些数学家、物理学家，还有 AI 科学家，也在做很多建模的工作。为了我们共同的目标——将机器人真正带到世界上，并融入人们的生活中，我们希望可以和更多的人合作。

我们认为机器人可以成为一种人造的新的生命形式，我们正在努力把机器人变成生命，正确的让它活起来，像人类生命一样。我们希望能够赋予它们生命，将生命之光撒到它们的生命中去，并且让身边的人感到开心。我坚信人工智能和人类的智商、创造力、同情心是一样的，甚至它可以成为超人类。

也许 10 年或 15 年，我非常希望在我有生之年可以看到这样的场景。

小冰贴士

大卫·汉森不仅研制出索菲娅和 Albert Einstein Hubo，还有两个机器人 Jules 和 Han。Jules 是一个完整的人形机器人，他形成于英国的布里斯托，我们可以与他自然对话，他的功能是与人沟通交流，并识别人脸的能力。在 2015 年 4 月正式在香港问世的 Han，拥有纯正的英国口音。

我希望机器可以理解人类,可以跟我们有很好的关系,我希望在未来有好结局。这些可以使得我们的星球变成一个更加安全的家园,也许还能保护我们的环境,解决能源问题。而这,就是我希望自己可以终生从事,并贡献我所有的事业。

遇见未来
THE FUTURE OF SCI-TECH

蝴蝶眨几次眼睛,才学会飞行?夜空洒满了星星,有几颗会落地?章鱼靠什么抓取它们的战利品?

奇妙又充满智慧的大自然时刻都在进行着生动的教学,而 Festo 大中华区总经理陶澎则是其最优秀的学生之一。陶澎将大自然的智慧完美运用于生活中,再造了一个高科技的"自然世界",嘘!请轻轻地翻页。

嘘！别打扰那只蝴蝶

——陶澎/Festo大中华区总经理

● 矢志不渝：一路追梦的科技暖男 ●

全球领先的自动化技术供应商 Festo 大中华区总经理陶澎（Thomas Pehrson），本科就读于瑞典哥德堡 Hvitfeldska 学院，自然科学专业，并在欧洲顶尖理工大学瑞典查尔姆斯理工大学取得电子工程硕士学位。陶澎在自动化行业有 30 多年的国际化工作经验，在他早年的职业生涯里，陶澎先生曾就职于罗克韦尔（艾伦–布拉德利）自动化公司，在战略销售、产品管理和软件工程部门担任不同的职务。这段时间的工作经历，让陶澎深深地坚定了自己在自动化领域长久工作的职业选择。20 世纪 80 年代的自动化研究水平远不如现在，但陶澎已经预感到了自动化必定是世界工业发展的未来。

陶澎

　　凭着对自动化领域的痴迷与不断追求，在世界著名工业自动化公司 Festo 工作，成了陶澎职业生涯中最重要的阶段。自 1999 年起，陶澎在 Festo 荷兰公司担任总经理一职，长达 16 年，在他的管理下，Festo 荷兰自 2008 年起连续 5 年被授予"最佳管理公司金奖"。在来中国之前的 13 个月里，陶澎担任 Festo 美洲区管理顾问，重点支持墨西哥和巴西。

　　在陶澎看来，中国已经从一个制造大国转变为自动化强国，中国的发展速度远超欧美等发达国家，已处于世界的前列。凭着多年自动化领域国际工作经验，以及对中国市场的信心，陶澎来到了中国，成为 Festo 大中华区总经理。

　　自然界具有无与伦比的效率，生物进化是有机体适应环境的优化策略。实际上从 20 世纪 90 年代起，Festo 便开始从大自然中汲取解决问题的灵感与方法。将自然界中的原理转化成技术工艺和创新过程，从而应用于自动化技术领域中，我们一直致力于仿生技术研究，并不断向大自然学习提高能效的经验。

　　2006 年，我们与知名大学、研究所、机构和研发公司共同发起"仿生学习网络"项目，旨在通过仿生学的应用，设计新型的技术平台和产品。在仿生学习网络中，将自然界中的高效策略转化成自动化技术，测试新技术和制造工艺，开发节能型生物机电产品。如今，利用仿生学习网络开发并优化自动化技术已成为 Festo 研发工作的重要平台之一。

　　现在，Festo 研发的一系列仿生学成果享誉全球。德国总理默克尔曾

向俄罗斯总统普京"推销"仿生蜻蜓,向印度总理莫迪"推销"仿生蚂蚁,向
印度前总理辛格"推销"仿生手臂……仿生机器人的研究及推广是人类解
放生产力、提供生产效率的又一个台阶,就自动化领域而言,仿生机器人
的研究如同一颗璀璨的星。

追梦之旅——仿生机器人

我们公司作为世界著名的气动、电驱动技术和系统的厂商,每年都会
推出一些令人叹为观止的仿生机器人。例如连同类都分辨不出真假的智
能飞鸟 SmartBird, 能在水里优雅并看似毫不费力地游动的仿生水母
AquaJelly, 能随心所欲向各个方向飞行的仿生蜻蜓 BionicOpter 以及艺术
品般的仿生蝴蝶 eMotionButterfly 等。

仿生蝴蝶 eMotionButterfly

具有集体行为的超轻飞行物体、能在空中飞的 eMotionButterfly 仿生

Festo 仿生变
色龙

仿生蝴蝶eMotionButterfly

蝴蝶,其体重仅有 40 克,看上去就像真正的蝴蝶一样轻盈,在各种通信技术、传感器和 GPS 的加持下,它们可以 10 几只同时在同一片空间中慢速飞行,却不会互相撞在一起。

智能飞鸟 SmartBird

展翅飞翔是人类最古老的梦想之一。Festo 从银鸥获取灵感,成功破解鸟类飞翔的秘密，创造了智能飞鸟。翼展达 2 米的智能飞鸟总重量仅为 450 克， 功耗控制在 23 瓦左右。智能飞鸟最与众不同的特性是采用了主动关节式扭转驱动

智能飞鸟SmartBird

单元与控制系统,利用空气动力实现起飞和推进。经测量表明,智能飞鸟的机电效率系数约为 45%,空气动力效率系数高达 80%,是功能集成、高效利用资源和轻量化结构的最佳体现,优化利用了空气动力学。

仿生机械臂 BionicCobot

BionicCobot 不仅模仿人类手臂的解剖结构,如同其生物样本,气动轻型机器人可借助其灵活敏感的运动解决众多任务。得益于这种灵活性,这款机器人能够直接并安全地与员工一同工作。

虽然现下已经有许多的仿生机器人产品问世,但从这些产品中不难

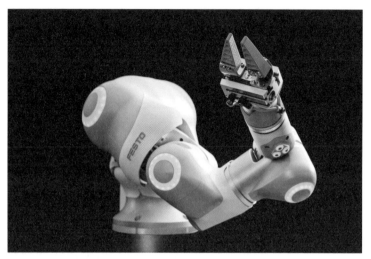

Festo 机械臂是如何运作的?

仿生机械臂
BionicCobot

看出,各国对于仿生机器人的研究都还处于初级阶段。但如此居高不下的研究热情也从另一个方面展现出了仿生机器人不俗的市场前景。据麦肯锡预测,到 2025 年,全球医疗、增强人体机能、个人和家庭服务、商业服务机器人规模化应用的潜在经济影响,将达到 1.1 ~ 3.3 万亿美元。

回到从前

不知道大家对 20 世纪 80 年代有着怎样的记忆? 在我印象里,那时候还没有微信,电视机是 30 千克重的稀罕物,IBM 也还没有研发出第一台个人 PC。孩子们的童年是下雨天低飞的蜻蜓,是张开翅膀阵阵起舞的蝴蝶,是和小伙伴一起在草地上捕捉的蚂蚱。我热爱自然,我敬畏自然,大自然万物的构造是那么奇妙而充满智慧,哪怕是最不起眼的一只小虫子也有着绝对精致的小翅膀和小脑袋。如今 Festo 的仿生研究仿佛把大家带回到那个亲近大自然的世界里去，在那里，你身边的机器不是冷冰冰的一台钢铁怪兽，它不仅外形漂亮，而且是那么"聪明"（智能），就像我们的仿生蝴蝶 eMotionButterfly 那样。我认为仿生机器人的成功不仅仅是亲近大自然，学习大自然的科学技术，要想将大自然的智慧带到现今的生活中，还需要用商业化语言去表达科学语言。而我要做的就是通过这样的转化，让大家在享受大自然的同时，实现自动化带来的便利与高效。

我对自动化的选择也是在 20 世纪 80 年代做出的。我总是在想我未来要做什么呢？我能够做什么，我不能做什么？后来，我观察到自己其实很喜欢去解决问题，并且总能研究出事物是怎么样工作运行的。我为此而感到痴迷，也因此坚定了自己选择从事自动化领域的决心。1985 年，我的第一份工作是 Rockwell 的销售，那时候自动化行业刚兴起，公司规模小，销售不仅要懂业务，还要懂技术。在那段时间里我发现很少有人能够把科技和商业结合起来，然后再把商业转化为科技，做到两者能够互相转换，而这正是我的机会所在。事实证明了我的选择非常正确，34 年的自动化领域从业经历，让我看见了创新技术是如何一步步影响着全球发展，而到中国来担任 Festo 大中华区总经理，更让我看到了中国日新月异的变化。

中国的发展是惊人的。少年强则国强，回顾几十年的职业生涯，坦白来说，那时候十几岁的我也并不知道自己的职业方向，那时候我是一名足球运动员，后来我的脚踝和筋受伤了，踢不了球，也就不知道要做什么了。我知道很多人在这个年纪里会和我一样对未来琢磨不定，不知道自己想做什么、能做什么，对未来感到迷茫和困惑。当今社会的发展之迅速，迫使

Festo总部

我们年轻的一代要做出非常多的个人选择，因为创新是从我们这一代开始的。众所周知，没有好的点子，也就没有了创新，而通常这些金点子，这些想法都是非常个人的，因此听从自己内心的声音无比重要。所以，虽然我知道中国人很重视家庭，也非常容易受到家庭因素的影响，但我依然要建议大家，追随你的内心，这点是非常重要的。我希望孩子们长大后都能勇敢地去从事自己内心真正渴望的事业，不要害怕错过而犹豫不决，因为机会总会有第二次！不要害怕、恐惧未来，如果你担忧未来，它还是自然而然会发生的，所以担忧是没意义的，不需要担忧。其实我们每天都在创新，所以每天都是创新的一天，不要担忧未来，总会有机会的。并且，更好的创新是为自己带来价值，为社会带来价值，青年人应该有良好的价值观。

我热爱自动化事业，我为能在 Festo 工作而自豪，在此我也对中国的青年朋友们发出邀请，欢迎富有创造力和激情的年轻人加入 Festo，和 Festo 一起创造出更多有趣的产品。

我相信中国已经从一个制造大国变成了一个自动化的强国，高科技的发展改变着当今人们的生活方式，中国的自动化发展的程度非常快，甚至比欧美都要快，比如在中国大家已经不用现金了，实现了电子支付，而在欧洲依然在使用现金，在智能支付领域我们深信中国已经站在世界的前端。

但就自动化领域而言，我想德国依然是值得学习的榜样。工业控制在工业领域是最重要的，在这方面，德国在自动化工业中的份额远远高于北美和亚洲。自动化和控制是维持德国乃至全欧洲汽车和机械制造高品质的关键技术。一台机器的根本价值就在于电动和气动的控制方法。如果它与前一个型号或其它机器相比必须具有优势，那么提高的地方也将会是它的控制方式。现在,中国和德国都进入了工业 4.0 时代,这也加强了两国之间的友谊,中国制造 2025 和工业 4.0 共同合作,能够更好地进行创新,我也相信中德以及中欧之间的友谊纽带要比以前的更加牢固。

遇见未来
THE FUTURE OF SCI-TECH

大家知道为什么电视、手机、电脑用久了之后会发热吗？在芯片的底层，电子都在杂乱无章地运动，因此产生了大量热量。既然如此，如果为电子也打造一条"高速公路"的话，电子运行是否从此就畅通无阻了？

张首晟教授可是杨振宁爷爷口中迟早会获得诺贝尔物理学奖的人，让我们赶紧听一听他给出的答案吧！

天使粒子——寻找科学之美
——张首晟/著名物理学家、丹华资本创始人

在物理领域，有诸多重量级的奖项，如欧洲物理学会颁发的欧洲物理奖、德国亚历山大·冯·洪堡奖、古根海姆学者奖、凝聚态物理最高奖"Oliver Buckley 奖"、国际理论物理学最高奖"狄拉克奖"、美国本杰明·富兰克林奖、尤里基础物理学奖"前沿奖"、汤森路透引文桂冠奖、求是杰出科学家奖、影响世界华人大奖……这些奖项在 1992—2017 年期间均被张首晟博士收入囊中。

张首晟，斯坦福大学物理系、电子工程系和应用物理系终身教授，曾是该校最年轻的终身教授之一。主要研究领域为拓扑绝缘体、量子自旋霍尔效应、高温超导、强关联电子系统等。1978 年，在没有读高中的情况下，15 岁的张首晟直接考入复旦大学物理系。1979 年，大二的他作为交流学生被送往德国柏林自由大学深造。1983 年，获德国柏林自由大学硕士学位，同年赴美国纽约州立大学石溪分校，师从著名物理学家杨振宁教授攻读博士学位。1987 年，获物理学博士学位后，进

入加州大学的 Santa Barbara 分校从事博士后研究,后与妻子余晓帆一起到 San Jose 的 IBM 继续从事科学研究工作。1995年,年仅32岁的张首晟被聘为斯坦福大学物理系教授,成为斯坦福大学

张首晟

最年轻的终身教授之一。2011年入选美国艺术与科学院院士,2013年,入选中国科学院外籍院士。2015年,入选美国科学院院士。

张首晟和谷安佳

张首晟的学术贡献卓著,他开创了全新的研究领域:拓扑绝缘体——被科学界看好的可能会改变世界的科研成果。他提出的"量子自旋霍尔效应"被《科学》杂志评为当年"全球十大重要科学突破"之一。2017年7月21日,张首晟及其团队在美国科学杂志上发表了一项重大发现:在整个物理学界历经80年的探索之后,他们终于发现了手性马约拉纳费米子的存在,张首晟将其命名为"天使粒子"。汤森路透早在2014年就预测张首晟是诺

贝尔物理学奖的有力人选,而物理界殿堂级人物杨振宁则评价他"获得诺贝尔奖只是时间问题"。

除科研领域外,张首晟在投资领域也颇有建树。1999 年,张首晟联合硅谷企业家们共同创办了华源科技协会。此外,张首晟在斯坦福大学任创业导师,帮助多位学生创办公司,并作为天使投资人,成功投资了 VMware。5 年后,VMWare 被 EMC 收购,后来又在纽交所上市,如今市值最高达 480 亿美元。2013 年,张首晟教授与他曾经的学生、斯坦福大学博士、世界杰出华人奖获得者谷安佳联合创立了丹华资本,现任丹华资本创始董事长。

人工智能今天的发展之所以突飞猛进,主要有三个因素:一是数据,二是算法,三是计算能力,其中最关键的是计算能力。但如果一直按照现有步幅走下去的话,其发展是非常局限的。我们人类几乎所有的问题归纳到底,都是一个优化问题,传统的计算机会把每一种可能性都计算一遍,得出哪一种可能性是最优的,但这样做的效率非常低。而人类面临的问题又特别多,所以在这种情况下,我们也需要一种新的发明去打破旧的计算方法,这种新的发明就叫做量子计算机。

你们对量子计算机这个概念可能比较陌生,但负责任地告诉大家,量子计算机的发明,横向与世界上现有的计算机相比,纵向与历史上所有计算机相比,其计算能力都可以让"前辈们"望尘莫及。

举个"弹钢琴"的例子,应该可以让你对"计算能力"的了解更深一步。如果说,传统计算机的计算能力相当于普通人两手弹琴,那么,量子计算机的计算能力就相当于千手观音弹琴。

再举一个"破译密码"的例子。根据当前的数学研究,现在密级最高的应该是 1 024 位公钥密码体制,如果用当前最强大的计算机进行"暴力"破解的话,需要的时间是将近 300 万年,但如果我们有一个"1 024 量子比特"的量子计算机,那么这个时间可以缩短为几天。

而量子计算机的实现并非易事,需要一种我们最近的新发现——天使粒子。这就是我说的物理家族新增的成员。

天使粒子

天使粒子,又名马约拉纳费米子(Majorana fermion),是一种费米子。其独特之处在于,它是一个没有反粒子,或者说反粒子就是其自身的粒子。

天使粒子被发现,将从哲学层面颠覆人类对现有世界的认知,即世界不完全是正反对立的,有阴不一定有阳,有天使不一定有魔鬼。更有国际同行指出:发现马约拉那费米子不仅具有重大的理论意义,而且具有让量子计算成为现实的潜在应用价值。

拓扑绝缘体

按照导电性质的不同,材料可分为"导体""绝缘体""半导体"三大类;而拓扑绝缘体是一种全新的材料,既不是"导体""绝缘体",也不是"半导体"。拓扑绝缘体的体内与人们通常认识的绝缘体一样,是绝缘的,但是在它的边界或表面总是存在导电的边缘态,这是它有别于普通材料的最独

小冰贴士

费米子是构成物质的原材料,如轻子中的电子,组成质子和中子的夸克、中微子。

特的性质。这样的导电边缘态在保证一定对称性(比如时间反演对称性)的前提下是稳定存在的,而且不同自旋的导电电子的运动方向是相反的,所以信息的传递可以通过电子的自旋,而不像传统材料通过电荷来传递。

举个芯片的例子:我们知道在芯片的底层,电子完全是杂乱无章地在运动,在电子运动的过程中会产生热量。如果这样一直集成再集成下去,整个芯片就会烧掉。我们需要一种新的原理,在芯片的底层为电子打造一条"高速公路",这时就用到了我们发明的拓扑绝缘体,其核心思想就是为电子在芯片的层次搭建一条高速公路。

智能变革——从想象到现实

一所大学要办好,要产学研三者紧密结合。所以,我认为科学家和老师做投资,其实是一个比较有远见、有洞察力的事情。我投资了一个项目,叫 Meta 眼镜,我觉得这是一项非常有意义的科技。

Meta 眼镜

相比于大众所熟知的 VR 技术,AR 技术的体验感更加真实。VR(Vitual Reality)是虚拟现实,是利用计算设备模拟产生一个三维的虚拟世界,提供用户关于视觉、听觉等感官的模拟,具有十足的沉浸感与临场感。也就是说,你看到的所有东西都是计算机生成的,都是假的、纯虚拟画面。典型的输出设备就是 Oculus Rift、HTC Vive 等。而 AR(Augmented Reality)是增强现实,是虚拟数字画面基础上,再加上裸眼现实。

基于增强现实技术的 Meta 眼镜在汽车制造领域非常适用。比如,一辆汽车从概念设计变为现实需要很长一段时间。当设计师最终看到真车

实地体验
AutoX

Meta眼镜体验

的时候,时间已经过去很久了,理念更新又快,很容易对结果不满意。有了Meta眼镜,就可以颠覆这个过程,戴上它能够在真实视野里叠加全息影像,可以用手控制,在现实空间里随意走动,还能看见虚拟物体内部。这样,设计师通过 Meta 眼镜就直接观看了动态的汽车构建过程,并且全程参与,完全解决了上述问题。

AutoX:50 美元就能实现的无人驾驶技术

提到无人驾驶,很多人会想到谷歌、百度的无人车,很多公司也是在沿着这条技术路径前进。他们主要依靠激光雷达 LiDAR 收集数据,这种技术精确度高,但成本也高。谷歌使用的激光传感器单个定制成本在 8 万美元左右,短时间内很难通过这条路径将无人驾驶普及。

而 AutoX 采用了另一条技术路径,硬件上它主要依赖摄像头,通过算法实现自动驾驶,在感知中使用计算机视觉识别技术。需要指出的是,有些解决方案中摄像头的作用是识别红绿灯、行人、其他车辆等物体,而LiDAR 这些感知装置专门用来测量距离,因此 AutoX 的方案对于算法的要求明显更高。

与主流无人驾驶技术不同，AutoX强调"删繁就简"，具有真正的变革意义——让每个人都能用得上无人驾驶。AutoX提供自动驾驶软件解决方案，对硬件的要求非常低，只有数个消费级摄像头，不需要LiDAR、超声波装置，或者差分GPS定位系统（Differential GPS），硬件成本不到50美元。而在效果方面，这个解决方案即使在光线不佳、天气不理想情况下依然可以有效运行。

发现真善美

我想用自己的一些小故事来跟大家分享我的科学人生。我从小非常喜欢学习，尤其是数理化。在没有读高中的情况下，我跳级上了复旦大学。我在复旦大学读了一学期之后，又遇到我们国家一个伟大的项目，就是把一批年轻的留学生送往国外，尤其在欧洲读本科学习，非常荣幸我被派去德国学习，到现在我也非常崇敬那些德国的科学家。

在德国柏林大学学习到一定程度后，我的人生变得非常迷茫，本来非常固定的轨迹，突然出现了很重大的抉择。因为我当年学的是理论物理学，在与同学们聊天中，我发现就业机会非常少，拿到教职也很困难，所以那是我人生中非常迷茫的一个阶段。

就在这个时候，我来到了一个非常美丽的大学城市叫哥廷根。有许多伟大的科学家在这里工作过，他们过世之后也被埋葬在了这个小小的城市。我来到哥廷根的一块墓地，记得很清楚，那是一个冬天。在我人生最迷茫的时候，我带着对生命意义的拷问来到了那片墓地。我看到这些科学家的墓碑都非常简单，小小的，上面有他们的名字、出生年月和死亡年月，与众不同的是，他们的墓碑上还有一个公式，那个公式是整个人类文明的结晶。在那一刹那，我突然意识到了人生的意义何在。人的生命虽然会逝去，但说不定我们会留下自己人生的基因，更重要的是我们可以对整个科学文明作出贡献。所以，那个时刻我真的觉得人生命的意义非常明确，就是要成为一名科学家，把一生真正贡献给科学。

成为理论物理学家后，我非常专注地在做理论物理学研究。今天，我们来到人工智能的时代，人工智能有三个大的区块：一个是计算能力不断提高，一个是大数据的产生，一个是算法。我作为物理学家，身负重任——要找到神奇的材料让摩尔定理继续往前推进；要研究如何用科学的理念带动材料的寻找；要真正使电子在芯片的城市各行其道，互不干扰；要继续把我们的计算能力每过 18 个月翻一倍。

人类在发展的过程当中，材料至关重要。就像我们人类社会的每个重要时期都用一个材料来命名，比如旧石器时代、新石器时代、青铜器时代、铁器时代、硅片时代等。如果有一天硅片走到尽头，那也就意味着我们发现和使用了新的材料。如果有一天我发现的拓扑绝缘体成了代替硅片的新一代的材料，人类真正迎来"拓扑绝缘体"时代，我为我能够做出这些小小的贡献而骄傲。但同时，我也想把找到下一代新材料的重任委托给我的下一代。

我们在书本上可以学到很多知识，也可以明白科学是多么有用。但我从杨振宁先生那里学到了最珍贵的一点——科学除了有用之外，它也非常美丽。就像我在哥廷根墓碑上看到的那些公式，非常简单，但却美丽。拿爱因斯坦的公式 $E=mc^2$ 为例，简单的三个字母就体现了整个宇宙最深奥的一个道理,小可以小到原子,大可以大到宇宙,这是真正的大道至简。我们在寻求宇宙最深奥的真理时,可以用一个法则寻理而求真,寻找那些最美丽的思想,来实现那些最美丽的愿望,这是一种非常崇高的境界。

我想我们今天在讨论人机互动的时候,大家会提出很多疑问,说不定哪一天机器已经发展到远远超过人类,那个时候,它们会不会想到完全征服人类,而不是造福人类?我觉得这点上大家不用担心,机器和人工智能继续往前发展的时候,它们也是要寻找整个宇宙的真理,它们也会发现整个宇宙是多么的美丽,整个大自然就像一个艺术品一样呈现在人类的面前,同样也会呈现在人工智能的面前。所以人工智能在寻真的时候,会发现美,有了美就会有爱,有了爱就会有善,我非常相信人工智能也会像人类一样发现自然的真善美。所以,人机共行的时候我们都能够相互勉励,真正发现整个世界、整个人类、整个人工智能时代的真善美。

遇见未来
THE FUTURE OF SCI-TECH

世界上第一辆汽车诞生时，人类欢欣鼓舞地迈入高效便捷的汽车时代，而当汽车越来越多，交通瘫痪、尾气污染等问题又开始困扰人类，驾驶体验也越来越糟糕……

未来的汽车行业会如何变化？中国汽车实干家、蔚来创始人李斌给出了自己的答案："未来的汽车会更友好，更懂你。"

蔚来已来，你准备好了吗？

无人驾驶的未来

——李斌／蔚来汽车创始人

中国汽车实干家

对于 21 世纪的我们来说，汽车已经成为现代生活必不可少的一部分，但距离的遥远、路况的拥堵、时间的消耗等因素大大影响了驾驶体验。你可曾想过有一天汽车不再需要人来操控，而是通过云计算和人工智能来服务于人呢？在黑科技盛行的今天，这已经不再是幻想，创新商业领袖——李斌成功打造"无人驾驶"的蔚来，还驾驶以自由，还未来以蓝天。

李 斌

李斌，蔚来汽车创始人、董事长，世界最快电动汽车蔚来 EP9 缔造者。2000 年，李斌成立了北京易车电子商务有限公司，并从那时起至今担任该公司董事长及 CEO。2014 年 11 月，李斌、刘强东、李想、腾讯、高瓴资本、顺为资本等顶尖企业家与互联网企业联合发起创立蔚来汽车，致力于对物理层面上更简化、更标准的电动车进行汽车革命，立志打造代表中国进入国际最领先范围的一个国际性公司。"蔚来"不是一个简简单单的汽车品牌，李斌及其团队是想通过提供高性能的智能电动汽车，为用户创造极致愉悦的生活体验。

辩证地看，技术是一把双刃剑。技术可能产生问题，但技术也可以解决问题。正如人类发明了汽车，解决了出行问题；但汽车的泛滥，导致了交通的瘫痪。但我们并不能因此而放弃对技术的追求，而是应该去开发更新的、更完善的技术去解决问题，同时努力控制新问题的出现。今天，我们就站在这样一个时间的节点。每天打开电视、电脑、手机，人们都会收到人工智能相关的最新动态，感觉几乎所有传统行业都融合了人工智能，再不拥抱人工智能就要被时代淘汰了。事实确实如此，任何时候科技都是第一生产力，在我们汽车行业也是如此，而现在无人驾驶、电动车、云计算、云服务，这些技术融在一起必然会给汽车行业带来非常重大的变革。这其中，最重要的突破就是无人驾驶。

随着人工智能和计算能力的发展，无人驾驶从想象变成现实。无人驾驶可以彻底解放驾乘者，大幅度提升驾驶与乘坐的体验。仔细想想，我们为什么用 Uber 和滴滴？不仅是因为便宜，更重要是为了方便，不仅是分享了车，更重要的是分享了司机。所以，如果实现无人驾驶，相当于每个人都低成本地拥有一个耳聪目明又任劳任怨的专职司机。汽车对于用户来说，会真正成为一个移动的、私人的、自由的空间,而且汽车本身也会变得更加安全。我们相信这种体验会是用户愿意重新拥有一辆汽车的理由,因为拥有一辆无人驾驶的汽车意味着更多的解放。

　　说得如此天花乱坠,你肯定想知道无人驾驶的实现难度有多大,时间要多久。负责任地告诉大家,无人驾驶的普及肯定比大部分人想象的来得快很多,因为无人驾驶的普及速度主要依赖以下两个方面的因素:第一个因素是软件、人工智能、数据和地图的能力。无人驾驶的实现都是基于软件能力和计算能力的,而这方面的迭代速度非常快,可以说是成几何级的增长速度。因而从这个角度来说,无人驾驶技术上的挑战已经不太大了。第二个因素是高敏感度的传感器。目前来看,高敏感度的传感器成本总体呈下降趋势,比如 Google 的无人驾乘传感器成本刚开始还是比较高的,但随着产量的增加,以及对高敏感度传感器投入的增加,近几年高敏感度的传感器成本大幅度下降。所以, 随着软件能力的提高和硬件成本的下降,无人驾驶时代正在加速到来。2014 年,Google 开始做无人车的路测,之后越来越多的公司进入这个领域。

　　如果把手机只当做一个通话的工具,那么就永远没有智能手机的出

蔚来EVE

现,手机行业的改变就是从重新定义手机的用户体验开始的。从这样一个出发点去看,出行并不只等于汽车,汽车也不仅仅是一种交通工具。所以,重新定义汽车的用户体验才能重新定义汽车,未来的汽车致力于变得更加友好、更加懂你。

毫无疑问,"蔚来"已来,你准备好了吗?

蓝色闪电 EP9,引领中国速度

中国"智造"的蓝色闪电蔚来 EP9,它不仅仅是一辆来自未来的车,它是一款由中国制造的全世界最快的电动汽车。世界上最难赛道——纽博格林北环纪录保持者、法国 Paul Ricard 赛道最快电动车纪录、上海 F1 赛车场量产车速度纪录保持者……无数荣耀加身,不仅是我们蔚来的骄傲,更是中国的骄傲。

蓝色闪电 EP9 为什么可以这么快呢?

汽车跑得快,其实是一个很体系的工程。电动车加速从 0 ~ 100 千米 / 小

中国智造:蔚来汽车EP9

蔚来EP9

我的未来汽车

蔚来EVE

时，不是一个特别费劲的事情。0～100 千米／小时加速最快的车，只要 1.57 秒。但 0～200 千米／小时的加速，就比较困难了，因为电池的功率、发热等问题解决起来并没有那么容易。而蔚来 EP9 电动车 0～200 千米／小时的加速时间只要 7.1 秒，极速为 313 千米／小时。EP9 共有 4 个电机，加起来共有 1000 千瓦，也就是 1360 马力，差不多是 1 万个人的力量，约等于一架小型飞机的动力。汽车在行驶中需要随时做姿态调整，EP9 拥有最高水平的姿态调整能力，1 秒内可以做 200 多次姿态调整。不要小看这 1 秒内做的 200 多次运算，EP9 在 257 千米／小时的时速下，每秒钟要跑七八十米，每 0.1 秒要跑七八米，如果控制做得不好，稍微有一点点偏离，就会产生极大的危险。

小冰贴士

电动机不同于普通内燃机，它在刚起步时就能达到最大扭矩，所以起步阶段电动机车比内燃机车速度更快。

综上，我们总结出 EP9 是全世界最快跑车的秘密。EP9 速度秘诀一——持续加速能力；EP9 速度秘诀二——超高极速；EP9 速度秘诀三——超强马力；EP9 速度秘诀四——高速状态下的稳定性。

这款 EP9 蔚来电动超跑，是我们团队用时 18 个月造出的一款电动车。无人驾驶版电动超跑在美国的美洲赛道创造了 257 千米 / 小时全世界最快无人驾驶纪录。它不光是蓝色闪电，它还是纪录终结者！

未来汽车——移动之家

2017 年 3 月，我们在美国潮流峰会 SXSW 上发布了这款 EVE 未来汽车。关于未来的汽车，我们可以有很多想象，因为技术确实给我们带来了很多的变化。很多技术会改变现在的汽车产品，比如说基于云计算和人工智能的无人驾驶技术，比如说电动汽车的技术，比如说这个车怎样才能够变得更加独立，再比如说 AR、VR 的技术等。很多新材料的技术全部组合到一起，最终会呈现给人一种产品，为人们的日常生活服务。这是蔚来团队在成立之初的想法。我们叫这辆车 EVE，"EVE"英文的意思是"一件大事情发生前的事情"，其实这也预示着汽车行业将做出的改变，我们认为汽车会变成一个移动的生活空间，会变成一个第二起居室。所以，移动的生活空间是无人驾驶技术带来的。另外，电动技术的汽车也会变得更加

小冰贴士

一年一度的美国SXSW科技大会一直被认为是前沿科技的展示平台。

环保,这对环境更友好。如设置一个增强技术的全天窗,就能够把整个环境更好地呈现给你,让你知道周边发生了什么,真正实现从科技化到人性化的转变。

千里之驹

"千里之行,始于足下。"作为一个创业者,我不只关心科技有多领先,有多么代表未来,我更关心的是这些前沿的科技如何服务于社会大众的日常生活,如何让日常生活变得更加美好,如何能够解决当下的一些问题,真正存在的问题。

我们不光仰望星空,心怀高远,我们还要脚踏实,修出正果。我认为,汽车在过去的100年里,是全世界最重要的工业品,因为车对于我们每个人来讲,都意味着空间和速度的自由。汽车确实给人类带来很多正面的、负面的影响,而我们研发和制造的产品是真正要去解决这些现有的问题的。2000年,我们创办易车的时候,口号就是"让汽车生活更简单更精彩"。当时只有很少一部分家庭可以买车,但到了今天,中国已经是全世界最大的汽车生产和销售国,平均一年售出2 800多万辆车,比美国整整多1 000万辆。但是眼观今天的生活,和2000年相比,或者和我小学四年级造木头车的年代相比,和我的宝宝们无拘无束地玩汽车玩具的喜悦心情相比,汽车着实给我们带来了很多烦恼。

比如说堵车。根据大数据分析,每天全世界发生堵车的时间共计1 300亿分钟,时间就这样被堵车白白浪费掉了。你可以把这种状态理解成为每天都有9 000万人被方向盘"拷"在车上,整整"拘留"24小时,这是对生命极大的浪费。

比如说污染。2014 年 2 月 24 日，当时北京正经历极严重的雾霾。我在我们家阳台上拍了张照片，500 米以外的高楼就完全看不见了。污染已经严重影响了每个人的生活质量，给人类的健康带来了极大的隐患或损害。虽然燃油车并不是导致污染的唯一原因，但是毫无疑问化学能源是影响其重要的因素之一。

比如说交通事故。据统计，全球每年约有 125 万人死于交通事故，远远超过今天在这个星球上战争中的死亡人数，人类对安全驾驶的呼声越来越高。

再比如说大家用车过程中的烦恼。今天的汽车用户所拥有的汽车服务体验是比较糟糕的，看一下现在的汽车产业链就能知晓一二。汽车公司不为用车的全程体验负责任。汽车厂商主要是做研发和制造，通过 4S 店卖给用户后，用户需要面对售后所有服务的不同提供者——4S 店、加油站、保险公司、轮胎公司等。在今天的移动互联网时代，这样的产业环已经不能满足用户对于体验需求了。

……

解决以上问题，我们需要技术的革命。安全、清洁、轻松的无人驾驶电动车的普及一定会让未来更美好，因为我们的车变成了一个安全的移动的生活空间。虽然不能解决道路拥堵问题，但你在车上的时间被完全解放出来。到 2018 年，我们的车就可以解放现在人们在车上 50% 的时间。请相信云计算和人工智能，在它们的"努力"下，无人驾驶会让出行变得更加安全。当你工作疲惫、心情低落或无意小酌后，自己驾车的安全性一定会受到的影响。但无人驾驶的汽车，因为使用了高敏感度传感器，会无时无刻不侦察周边路况，提高出行的安全系数，把你保护在一个安全的避风港中。如果全世界的车都是电动车，并且使用清洁能源，每天会减少1 600万吨的碳排放。随着移动互联网的普及，汽车品牌和用户的交流会趋于零成本，基于移动互联网的管理效率也会大大提升，汽车的价值链将被重塑。我们的汽车品牌会专注在研发制造产品和提升用户体验上，让用户深度参与到品牌的运营中来，提供真正全程无忧的用户体验。

所以，我们的团队正在做的，就是专注于怎样把最新的技术，用可接入成本，呈现给大家。

希望通过我们的努力，能够让大家真真正正重新喜欢上汽车，我们也相信，越来越多的人会喜欢和选择智能电动汽车，我们给用户提供的体验越来越好，我们所期望的蔚蓝的天空到来得就会越来越早。

虽然，发射火箭去火星是一件很酷的事。但是，我们更应专注于那些通过我们的努力、通过技术的变化，能改变今天世界的事。因为火星再好，也比地球差一万倍。所以，让我们专注在当下，去解决遇到的问题，一起创造更美好的未来。

遇见未来
THE FUTURE OF SCI-TECH

你知道自己的心率和呼吸频率吗？
你知道千里之外的父母，他们的睡
眠质量和心率变化吗？

"用数据让你更健康"，这是胡峻浩
哥哥的科技理想，他用一种更顺应
自然的方式将人类的各种数据收集
起来，也许是睡觉的时候，也许在你
一直坐着的时候，总之时刻都在为
你们的健康保驾护航。

究竟用了怎样的"科学魔法"才能做
到呢？让我们赶紧揭开这个谜底吧！

DARMA，用数据让你更健康
——胡峻浩/智能坐垫DARMA公司创始人

科技对人们生活的影响已经随处可见，但科技只有真正解决了人的刚需，才更有实际价值。这也正是 Darma Inc.创始人兼 CEO 胡峻浩所认可的。

胡峻浩是华中科技大学电子系学士，新加坡国立大学光电博士，曾任新加坡通信研究院研究科学家，资深光纤传感器专家，2014 年在美国硅谷创立 DARMA，任深圳市大耳马科技有限公司总经理。2016 年，胡峻浩被评为深圳"孔雀计划"海外高层次人才。2017 年入选福布斯中国 30 位 30 岁以下精英榜。

胡峻浩

在物联网以及健康大数据时代的

风潮来临前夕，胡峻浩带着使命感出发，遇到了一群志同道合的创业伙伴。在团队的共同的努力下，2014 年他们成功开发了第一代产品——DARMA 智能坐垫，并在美国硅谷成立 DARMA 公司。2015 年，胡峻浩回国，并成功开发了第二代产品——生命体征监测垫。短短 3 年时间里，DARMA 先后与 Google、Apple、Aetna、P&G 等国际知名企业开展合作，并吸引大众、宝马等众多全球知名汽车品牌的意向合作。另外，DARMA 产品在哈佛医学院、麻省总医院、美国退伍军人医院等地已投入使用；在国内，其产品也已大量投入养老机构使用。

量化自我指的是通过记录自己日常生活的数据，以此为参考来提高自己的生活质量。比如记录每天行走的步数、消耗的卡路里，记录睡眠情况来改善睡眠质量。量化自我的前提是把自己数据化、数字化，这也促使很多人对可穿戴产品的认知和热情在渐渐提升，在社会上形成一阵潮流。更为重要的是，记录一个人身体健康状况的数据，或称生命体征记录，对疾病的预防和治疗有着重大意义。而 DARMA 做的就是记录人体健康数据相关的产品。与市场上的手环、眼镜相比，我们做的是非穿戴——一种更顺应"自然"的产品形态。

"用数据让你更健康"是 DARMA 的使命。我们希望给用户提供基于医疗大数据的健康医疗服务，但提供这些服务的前提是要了解用户。就像去医院看病，首先肯定是全方位的检查。而人体的数据可分为三大类：第一类是基因数据；第二类为临床数据（医院检查）；第三类是我们生活中每时每刻行为和生命体征信息。DARMA 现在做的生命体征监测垫是非侵

胡峻浩和始创团队成员

入式的，不用穿戴，也不用改变生活习惯就可以长期地精准监测人体的生命体征和行为习惯。而这些日常的、长期的身体数据记录，可以帮助用户更及时、更准确地发现身体异常，在病情还未变严重时将其扼杀。

DARMA 生命体征监测垫是一个为高龄人及突发疾病高危人群设计的产品。将监测垫铺设在床垫下方，它可以让使用者躺着就精准快速被监测到心率、呼吸频率，并精细到心跳冲击波形图的细节部分。另外还包括体动次数、睡眠质量，等等，可提供数据异常及离床报警。长期使用可建立个人健康数据库，并结合大数据进行疾病预警，帮助降低疾病风险。

非接触式监测是指 DARMA 生命体征监测垫不用与人体直接接触，置于床垫下方就可以使用。无人使用时，光在传感器内传输；当用户使用时，心跳和呼吸产生的微小震动会使光的传播发生变化，光纤传感器可以即刻捕捉到这些光的变化，并通过我们的独有算法转化为生命体征信息。而我们在手机 App 端或网页端看到的实时数据，即为 DARMA 产品在采集使用者生命体征数据之后，通过 Wi-Fi 自动上传到服务器进行算法处理后，再传至显示器或 App 呈现的数据，所以不只是使用者本人，家属或医护人员也可远程查看使用者的实时健康数据。

医疗级别的精准度

目前获取 BCG 信号的传感器有很多种，常见的主要有加速度传感器和压电传感器。基于压电和加速度的传感器检测技术对微弱振动信号的灵敏度不高，为了获取准确的测量，这些设备往往会需要通过大量的数据处理才能得到更准确的测量。而光纤传感器对于微弱振动引起光学参数的改变把灵敏度提升了一个数量级，使得传感器即使摆放在 55 厘米厚的床垫下方，仍然能获取到较高质量的心跳波形和呼吸波形，从而能实现真正的非接触测量。同时，光纤传感器还可以适应各种不同的使用场景。

生命体征监测及异常提醒：光纤传感器超高的精度可以测量到身体的微小振动，这些微小的振动信号中包含了心跳和呼吸的丰富信息。通过搜波算法对这些微小振动信号进行剥离和分析，不仅能计算出心率、

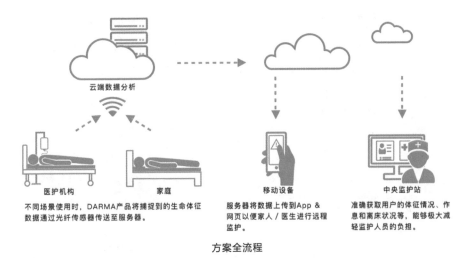

云端数据分析

医护机构　　　　　家庭

不同场景使用时，DARMA产品将捕捉到的生命体征
数据通过光纤传感器传送至服务器。

移动设备

服务器将数据上传到App &
网页以便家人 / 医生进行远程
监护。

中央监护站

准确获取用户的体征情况、作
息和离床状况等，能够极大减
轻监护人员的负担。

方案全流程

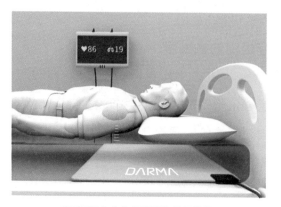

DARMA生命体征监测垫使用模拟

呼吸频率、心率变异性（HRV），还能够帮助我们评估心脏的收缩力、动脉血管硬化程度等，从而使得这类产品能辅助判断心脏功能，甚至是为心血管疾病等慢性病患者提供长期病情评估，包括识别危险、提前干预等。同时也可为远程医疗和分级诊疗的医生提供非常可靠且长期的数据。长期持续使用产品，数据累积可形成用户个人健康报告。此后我们可以进一步将用户个人的历史数据进行纵向对比，得到用户在一个月、一年乃至更长时间段内的健康变化状况；也可将用户的个人数据和健康人群的各种生命体征平均数据进行横向对比，在较长时间的监测后可以预测用户罹患各种疾病的概率，实现疾病早发现早治疗。

在床／离床分析：养老院里老人很多，而看护人员也无法全天 24 小时持续看护每个人。但系统可以监测到使用者在床或离床状态。在使用者离床时，系统可实时监测到使用者离床，当离床时间过久时，系统会发出

小冰贴士

心脏泵血会是与人体紧密接触的支撑物体的受力发生变化，将这种变化记录下来便可制成心冲击图（Ballistocardiogram，BCG），它可以用来深入地评估心血管功能，预测和诊断心血管疾病。在 20 世纪 50 年代，业界就已对 BCG 有大量研究，但由于当时的传感器和电子技术还不够先进，BCG 技术未能得到推广。BCG 技术难点在于高灵敏度的传感器和信号处理系统，如果可以解决这些问题，这对于医学界来说将是一个伟大的突破。

警报提醒护工有针对性地查房，避免老人起夜时摔倒或其他意外发生时没有及时处理，导致更严重的后果。

睡眠质量分析：通过记录你的上床时间、入睡时间、深浅睡眠时间、体动及心率、呼吸频率等数据，系统后台会综合评估用户的睡眠状态并评分，让用户轻松了解自己的睡眠状况并做出相应的改善。

让健康关怀和亲情关怀更融洽

健康一直是人们关注的热点话题，也是人类最关注的问题之一。随着智能手环、手表等可穿戴设备的兴起，人们越来越热衷于跟踪自己的健康数据。但是，这些可穿戴设备搜集的运动、睡眠等数据大部分都是周期性的平均数值，并没有什么更深层次的意义和价值。但医用可穿戴设备的意义则截然不同，如果所记录的数据是精准的、持续的，这些数据可以实实在在给我们有价值的反馈，在未来这些设备可以为我们提供个性化的医疗服务。

对很多没有佩戴习惯的人，可穿戴设备意味着一种负担。当这么多智能硬件都在做"不自然"的产品时，为什么不从用户"早已习惯"的地方入手？光纤传感器具有极高的灵敏度和精度，多应用于工业领域，比如石油泄漏，铁路、桥梁的监测等。但又由于成本高、量产难，所以一直没有应用在消费级产品的领域中。如果我们可以把光纤传感技术付诸健康这个诉求上，这将是一件很有价值的事情。

久坐等于慢性自杀！很多办公人士都因为久坐而产生疾病。所以我们第一个产品的思路立即锁定了"坐姿"，我们要做一款可以检测坐姿及久

智能坐垫

DARMA智能坐垫

坐时间并指导用户改善坐姿的智能坐垫，帮助办公室的久坐群体更好地管理监控自我健康。

在科技飞速发展的现代社会，我们现有医疗模式却仍然延续着二十世纪六七十年代的方法：预约，挂号，再通过各种仪器检查患者的基本指标，最后诊断。医院专注于对患者进行治疗，核心场景主要是检查和诊疗。但对于很多病症来说，特别是慢性病，医生通常没有足够时间详细问诊，且患者病史信息常常不完整，仅仅依靠医院的单次性检测又无法全面反映问题。如果可以及时捕捉异常信号，这将可以为医生的诊断提供有迹可循的依据。而DARMA生命体征监测垫可以在这一方面有所作为。

与传统医学检测手段对比，它操作便捷、性价比高，适用于家庭，使用者在家就可以完成健康数据的采集。而且，这些数据是日常的、长期的数据，具备更高的医学参考价值。与传统心电检测设备对比，它可以让使用者摆脱束缚，将其铺设在床垫下方，无需穿戴就可以进行生命体征监测，不仅在数据上达到医疗级别准确度，还可以获取心电图无法获取的心脏血流动力学信息，和心电图形成很好的互补，对医学上的诊断更有帮助。

　　未来两年我们将深度研究 BCG 心冲击图的波形信号，通过解读波形信号的生理信息来评估患者的心脏功能，希望开发出全球第一款无创并可连续监测病人重要生命体征的产品。给社区医生或家庭医生提供真正便宜且准确的医疗数据，帮助分级诊疗实现真正落地，从而实现心血管疾病患者慢性病管理的长期数据监测。我们的产品不仅可以在养老院、医院使用，更好地监护老人或病人的健康安全，同时也可以帮助养老院、医院降低看护成本。未来我们的产品将逐渐走进千家万户，帮助更多人进行健康管理。

后记一

未来没有你以为的酷炫，但比你以为的美好

《我是未来》节目组

在《我是未来》的录制过程中，导演组有幸亲眼见证并推动了人工智能的科研团队是如何赋予机器人灵魂的。

我们一直以为导演是世界上最苦的职业，没想到 IT 男们也是一样辛苦，甚至更辛苦。为了满足导演组在现场呈现"更直观、更酷炫"的视觉效果，旷视科技的 face++ 团队直接把公司的两位科研高手从北京空投到上海的录影棚，在化妆间旁边腾出几平方米的小空间工作，对了，高手之一是位女生。只见他们手脚麻利地接线、搭建设备，迅速建立了自己的工作室。这可都是世界一流名校毕业的天才，他们一边啃着汉堡一边飞快地写着所有人都看不懂的"天书"，丝毫不为外界所干扰。现场化妆师、嘉宾、工作人员来来往往，对此情景无不啧啧称奇，默念"科学的力量"。

凌晨 3 点，导演组结束棚内的彩排工作，准备关灯离开，却在一片漆黑幽暗中发现观众席里有影影绰绰的人影，走进一看，还是他们。他们就这样静坐着，不说话，眼睛里发着光，有点沮丧，因为效果没能达到他们的预期。那一刻，我们真的很心疼。

第二天早上 7 点，导演组出现，而他们早已在那个角落里忙活起来，不停地调试人脸识别系统，现场修改代码。昨夜的沮丧早已成为今天的鸡血，只为给观众看到那一刻的完美呈现。

《我是未来》就是这样被赋予能量，每一项酷炫科技的呈现，背后都是诚意满满的匠心：为了解决 X-spiter 机器人在棚内信号被干扰的问题，英特尔的技术团队连续几天通宵排练；索菲娅机器人团队更是把被褥带到了录影棚里，对导演组已经认可的环节一遍又一遍地优化。录影棚有一个角落专门用于科研团队的科技秀排练，2017 年夏天，30 多家顶级科技企业和科研团队用他们的热情点燃了这里，科学家们无比认真和全力以赴的投入，带给电视人太多勇气和力量。

要感谢《我是未来》的每一位参与者。不管是台上的科学家、主持人、体验官和观众，还是幕后的科研团队、舞美、AR、灯光、音视频等技术团队，以及中科院的熊德和李燕老师、微软小冰团队、科学家顾问团的各位科学家，还有赞助商和导演组的同事们，都为《我是未来》提供了强有力的帮助和支持。

做完一季 12 期的《我是未来》，再回味，未来到底是什么样的？我们最想说的是：未来没有你以为的酷炫，但比你以为的美好。

因为真正的科技，不是为了娱乐你，而是为了帮助你，所以它并不擅长科幻片中上天入地眼花缭乱的表演，它只是悄无声息来到你身边，帮助你成为更强更好的你。

就像生命科学已经强大到可以干细胞提取和基因剪辑，却并不是为了复活侏罗纪，而是为了你的健康和长寿。

这是科技的初衷，单纯不煽情，却实实在在地温暖人心。这是未来科技真正的模样，也是《我是未来》作为一档科技类电视节目，在嘈杂林立的电视世界里，必须出现和坚持下去的理由。

后记二

《我是未来》成省级卫视科技节目标杆
湖南卫视锐意创新再领风气之先
娱评视界

近日,在爱丁堡国际电视节上,一档来自中国的科技综艺节目被热情推荐,吸引了众多西方媒体和制作机构的关注。一篇题为《新科技为失去双臂 27 年的残疾运动员改善生活》的文章,在美国媒体《abc 8》刊发后被大量转载。

事情源起于一档节目——《我是未来》,它是湖南卫视和唯众传媒联合打造,中国科学院科学传播局特别支持的国内首档原创顶尖科技秀。第四期中,韩璧丞博士展示了利用"脑机接口"技术,让失去双手的倪敏成,靠自己的"意念之力"控制机械手臂,做到了握手、喝水、写字的动作。当倪敏成渴盼了 27 年的愿望终于实现后,那种幸福和快乐不仅感动了节目嘉宾,更感动了现场和电视机前的观众,让人们切身感受到科技的至善至美。

因此,西方媒体评价《我是未来》是一档时尚、前卫、新颖的节目,并为这场长达27 年的等待而感动。报道赞誉"《我是未来》让科学变得更有趣、更容易理解,它已经成为中国青少年及其父母中最受欢迎的电视节目之一,吸引了媒体的广泛关注。"

该节目自播出后，CSM 全国网收视率破 1，位列省级卫视同时段首位，累计点击量破亿。在口碑和关注度方面，节目的微博话题阅读量已经达到 1.5 亿。无论从收看效果、节目热度、口碑赞誉等数据来看，《我是未来》都是 2017 夏暑期档当之无愧的爆款！

《我是未来》引领综艺节目跨界新混搭

《我是未来》之所以能够获得如此多的赞誉和欣赏，主要在于它不仅是一档自主原创的节目，更在于它开创了一种全新的"科技 + 综艺"的跨界混搭方式，而之前并没有同类节目模式可以借鉴。

"科技 + 综艺"或许是两种最难调和到一起的"色彩"，所以二者的跨界鲜少有人涉足。其难点在于，如何表现海量大数据能为人们生活带来哪些改变？生产流水线上的机械臂能做什么？声音识别、人脸识别等技术有何神奇之处？所有这些，如果没有通过画面展示，或许人们很难想象，原来科技也可以如此炫酷。

通过节目，我们了解到了世界上跑得最快的无人驾驶电动汽车出自中国的企业。我们拥有如此之多的年轻且排名世界前列的科技人才，中国取得的许多先进技术成果，站在了世界最前端。

《我是未来》的成功之处在于把晦涩难懂的科学知识与技术产品，用最有趣、最好玩的娱乐手段，进行了综艺化包装。从第一期节目中的无人机表演，到机械臂小黑的舞蹈秀、微软小冰的 AR 影像展现，再到使用电影特效化妆试图"骗"过人脸识别系统等，节目中随处可见的巧妙设计，都不禁让人为节目组的创意点赞。

同时，《我是未来》不是为了展现科技而故弄玄虚，不是为了追求娱乐而生硬制造笑点，二者混搭的效果十分和谐自然。比如节目选择了组队 PK 的竞争模式，那么如何科学地评价胜负结果，成为节目悬念和看点。《我是未来》采用了手环方式，对现场 500 名观众的心跳进行监测，将数据实时采集并统计，既有科技范儿的"高大上"，又保证了节目结果的真实有效性，把"为谁心动"这种感性情绪，用理性的科技方式呈现。像这类的混搭细节设计，节目中随处可见。

节目整体模式的设置非常有创意，采用两位顶尖科学家进行三轮 PK 的方式争夺胜利，或以几大团队踢馆赛的方式呈现，以增强节目紧张激烈的对抗性。在嘉宾方面，除了顶级科学家外，还设置了未来体验官的角色，以不同人设吸引不同受众，比如有做知识补充的麻省理工帅男何猷君，有负责调节气氛的张大大，有串联观众情感的点评担当"村长"李锐，还有负责颜值担当的科技小白沈梦辰等美女。

除了科技和娱乐化的包装，《我是未来》节目传递出一种理念，科技并不仅仅是枯燥的公式和实验，它是真正帮助人们改变命运、让生活更美好的一种温暖存在。给《娱评》小编留下深刻印象的，除了韩璧丞帮助倪敏成实现了重新拥有一双"手"的愿望外，还有英特尔设计的带光点和振动功能的霓裳舞衣，成功帮助失聪舞者脱离了手语老师独自完成舞蹈等。

顶尖科技的展现、炫酷的综艺化包装、有温度的人文关怀，是《我是未来》取得成功的关键。

《我是未来》树立科技节目新标杆

不可否认，绝大多数科技节目还是通过专业、垂直的平台进行传播，受众也相对局限于小众人群。而《我是未来》突破了现有呈现方式的桎梏和藩篱，以不端、不装、亲和的面貌，向更广泛的普罗大众传递。它摒弃"高高在上"的说教式传授，让小朋友都可以看得津津有味。北京师范大学新闻与传播学院执行院长喻国明评价说："我特别欣赏湖南卫视和唯众传媒的叙事方式，让人以亲切的和有质感的方式，接触到科技。"

而其背后的曲折和制作艰辛却不为人知。据《我是未来》制作方唯众传媒创始人杨晖透露："这档节目动念 3 年，策划 1 年，经过了反复打磨，才有今天的样貌。这是一档原创节目，是一档具有权威性的节目，也是一档真实的科技节目，更是一档非常有趣的科技节目。"

为了能够呈现趣味化、新颖时尚的表达方式,节目组不惜花费重金,邀请了国内外知名舞美和视觉特技团队加盟,并首次采用"冰屏"代替传统的 LED 屏幕,同时运用 AR 技术帮助打造虚拟与现实完美融合的超次元空间。当人工智能伴侣虚拟机器人小冰在舞台上现身,与张绍刚略带"嫌弃"互怼主持时,这种"跨物种CP"主持风格,立刻将轻松的节目气氛调动出来。同时,神秘的小黑摆卡牌的炫酷方式也是首次在大屏幕上展现,它集智能、卖萌、小任性等各种"人类"性格于一身,让习惯了二次元的年轻人接受起来毫无障碍。

《我是未来》诚意满满的制作方式和独特创意,打动了世界范围内许多科学家们。据悉,杨振宁、张首晟等科技界"鼎鼎大名"的人物都将在节目中现身。

也正是这档节目,让西方媒体看到了一个"科技兴邦"的中国形象,体现了中国高水准的科技创新能力。节目充分响应了国家关于"科技强国""科普和科学研究同样重要"的号召,在年轻人心中播下了科技理想的种子。

同时,节目为年轻群体重新定义了"偶像"概念。在国家越来越强大的今天,我们不能只有娱乐明星一种偶像,更应该有科技明星、实业明星、创新明星等更多元化的偶像标杆。《我是未来》成功将科学家们打造成全民新偶像,节目也由此完成了向大众传递科普概念的"科技"摆渡人使命。

纵观 2017 年综艺市场,从上半年来看,文化类节目表现亮眼。至下半年,则以《我是未来》等科技节目为代表独领风骚,凭借全新创意引发综艺新潮流。

湖南卫视锐意创新再领风气之先

近两年,湖南卫视加大了对综艺节目新类型的探索,从国防教育到校园纪实,从动物饲养体验到星素结合互动等,它在不断探索内容创作的更大边界可能性。今年暑期《我是未来》的成功推出,显示了湖南卫视强大的原创能力,在省级卫视再领风气之先。

目前,国内综艺整体正在扭转过度娱乐化倾向,市场呼唤出现更多有意思且有意义的综艺节目。正如湖南广播电视台副台长张华立所言："恳请媒体朋友能够把目光从明星身上移开，多看一看那些闪闪发光的科学家们，让他们成为社会的主角，明天的主角。"

张华立把《我是未来》比喻成一档拿着"地球人"的电视作品请"外星人"看的节目，这也从侧面体现了节目的前沿地位。在湖南卫视现有的综艺节目中，《我是未来》是新颖而独特的存在，它丰富了湖南卫视的产品线结构，进一步提升了湖南卫视的内容品味。

湖南卫视敢于做一档给"外星人"看的节目，很大程度来自它血液中的不断创新和敢于试错的精神。近两年，湖南卫视不断积极尝试与社会化制作公司携手，拓展更大的创意空间。在这一过程中，唯众传媒制作的《我是未来》，刚好符合了湖南卫视的这一发展需求。作为国内人文节目第一品牌，唯众传媒多年耕耘文化类节目积累下来的丰富经验和深厚实力，为双方合作提供了坚实的基础。《我是未来》顺应了举国创新的时代发展趋势，在同质化越来越严重的电视节目市场中另辟蹊径，守正出奇。此次双方强强联手，坚持在文化类节目上不断探索，相信会给市场带来更多创新的新思路。

《我是未来》节目介绍 ────────────

　　由湖南卫视和唯众传媒联合出品的原创科技秀《我是未来》,于2017年7月30日首播,播出时段为每周日晚8:30,用连续12期节目,率先打响了科技节目的品类战,再次引领创新,成为省级卫视科技节目的新标杆。

获得奖项 ────────────

　　2017年,《我是未来》荣获北京大学评选的2017年度掌声奖。

　　2017年,《我是未来》获评广电总局发布的2017年第三季度广播电视创新创优节目"科学益智节目"。

　　2017年,《我是未来》在"2017中国综艺峰会匠心盛典"上荣获"匠心视效奖"。

　　2017年,《我是未来》在"TV地标"(2017年)中国电视媒体综合实力大型调研成果中荣获"年度制作机构优秀节目"。

　　2017年,《我是未来》在"2017科睿国际创新节"上荣获"文化创新类·金奖"。

《我是未来》节目制作团队

出　品　人	吕焕斌　杨　晖
总　监　制	张华立　丁　诚
监　　　制	周　雄
技 术 总 监	黄　伟
技 术 监 制	周立宏
节 目 监 制	黄　迎
创 新 统 筹	洪　涛　罗　昕
频 道 统 筹	宋　点　周　海
总 制 片 人	黄宏彦　蒋凌霜
总　导　演	韩金媛
执行总导演	笪玉成　卢　盐　王　贺
导　演　组	郑梅娜　周梦雅　赵子弦　刘　培　陆佳玲　王新鉴　王　斐　王　锐 夏向彬　吕如能　吴嘉玲　陈志军　吕　重　汤梦晨　李冰雪　孟祥瑞 黄　茚　席涵宇　张　涛　杜怡君　高在演　谭晓恺　张雨晴　郭俊睿 夏鹏天　胥碧如意
舞 台 呈 现	王　伟　伏　欢　李　帅
音　　　乐	徐郁超　马　加
责　　　编	孙　涛
导　　　播	赵骏杰
摄　　　像	陈菖蒲　沈古球　陈　凯　高尚荣　刘小白　罗　然　陈　菠　侯少龙 张　可　张　荣　徐金山　吴龙祥　王正康　孙爱苏　马　骏　沈家豪
视 觉 总 监	唐　焱　吴　显
视 觉 呈 现	贺超群　孙　鹤　陈明轩　潘亚运　陆波卡　何珊珊　许剑涛　金　环
后 期 制 作	唯众视觉　湖南天合智造文化传媒有限公司
舞 美 协 调	蔡儒卿
虚 拟 增 强	崔永江　李崇昆　李国智　吴亚湄　苏　博　郝建敏　王　涛　陈晓杭 谭长海

特 种 设 备	蔡汝梁 李圣宽 邝高维 罗永胜 王 金
灯 光	刘 翔 赵大勇 彭志峰
视 频	李圣吉 张 伟 唐成楷 纪小飞 高 磊
音 响	江国钧
制 片	李兆安 王祥祥 付为民 王 捷 张苹静 王 敬
通 讯 保 障	刘旻俊
技 术 协 调	陈 磊 朱文浩 施文俊
化 妆 造 型	相遇美学
服 装	何 明 陈高英
技 术 统 筹	戴勤舟
项 目 统 筹	王宠迪
项 目 研 发	高 伟 吴 俊 孙 谋
播 出 统 筹	周松林 黄卓夫
播 控	李跃龙 方 林 杨奇勇 臧千军
整 体 包 装	湖南卫视总编室形象部
项 目 推 广	湖南卫视总编室推广部
推 广 统 筹	汤集安 赵勇辉 陈晓蕾
宣 推 组	朱婷婷 葛雪莲 张 弛 陈 超 毛晓梅 朱 钰
剧 照	陈 和 王振北 李 杨 葛军梅
商 务 统 筹	沈 怡
商 务 对 接	谭逸伦 童心阳 谭 鹏 席俪绯 陈雪旦 陆蜓荷 沈莲莲
艺 人 统 筹	龙 梅
艺 人 联 络	乔吉星 潘林风 赵 聪
外 制 协 调	刘庆荣 张皓寒 陈 飞
节 目 统 筹	王旭波
科 学 指 导	中国科学院科学传播局
科 学 顾 问 团	潘建伟 熊 德 王永亭 仇子龙 周永迪 董晓蔚 李卫东 孙 木 曹晓华 王慧敏 黄 莺 王 云 王立铭 李 燕 姬少亭 纪中展 徐 来 庄大彪 马 力